LE CODE SECRET

La formule mystérieuse qui régit les arts,
la nature et les sciences

© 2008 EVERGREEN GmbH, Köln

Titre original :
Divine Proportion. Φ Phi in Art, Nature, and Science
© SPRINGWOOD SA, Lugano, Switzerland
First published in the US by Sterling Publishing Co., Inc.

Traduction de l'anglais : François Dirdans

ISBN 978-3-8365-0710-3

Printed in China

PRIYA HEMENWAY

LE CODE SECRET

La formule mystérieuse qui régit les arts,
la nature et les sciences

EVERGREEN

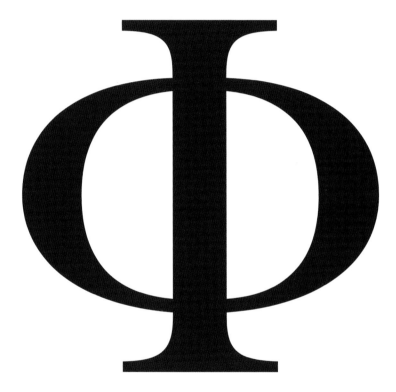

SOMMAIRE

2   INTRODUCTION

10   CHAPITRE UN
Les Secrets du Nombre d'Or

28   CHAPITRE DEUX
Pythagore et le Mystère des Nombres

64   CHAPITRE TROIS
La Suite de Fibonacci

90   CHAPITRE QUATRE
Harmonie des Arts, de l'Architecture et de la Musique

122   CHAPITRE CINQ
Les Lois de la Nature

142   CHAPITRE SIX
La Science et l'Ordre du Monde

164   CHAPITRE SEPT
Mystique des Proportions

190   GLOSSAIRE

192   BIBLIOGRAPHIE

194   CRÉDITS

198   INDEX

INTRODUCTION

Homme, apprends à te connaître tel
qu'en ta juste proportion
ORACLE DE DELPHES

L a complexité de notre univers a longtemps inspiré aux chercheurs de vérité un mélange de crainte et de respect. Aujourd'hui, les physiciens ont beau propulser des sondes dans l'espace, les historiens tenter de recomposer en un ensemble cohérent des fragments de notre passé et les botanistes explorer les secrets de la nature, tous se rejoignent sur un même constat : la vie reste un mystère infini.

Le regard braqué sur une multitude de formes et de rythmes dissemblables, ils cherchent pourtant sans repos les modèles, les interactions, le moindre signe susceptibles de raconter une histoire. Quelle joie promise si nous pouvions découvrir l'indice, la formule qui servit de clé à quelque grand principe unificateur ! L'étude de la proportion nous suggère une stratégie en ce sens. La « divine proportion », ou nombre d'or, fait mieux encore : elle nous ouvre un chemin.

Le langage de la comparaison et des corrélations mathématiques permet d'appliquer le nombre d'or aux mystères de la vie ; il suffit de juxtaposer le plus grand au plus petit, puis de les confronter l'un et l'autre au tout. Il nous est alors donné de découvrir une relation de pondération, d'harmonie et de symétrie particulièrement troublante ; aussi énigmatique dans son fonctionnement que le code secret que nous rêvons de percer à jour.

La forme en spirale du nautile, à mesure qu'elle s'enroule vers l'avant, s'accroît dans une proportion égale à Φ – le nombre d'or.

À GAUCHE :
Newton, par William Blake (1757–1827)

*Dans un grain de sable
voir un monde*

*et dans chaque fleur des champs
le paradis*

*faire tenir l'infini
dans la paume de la main*

*et l'éternité
dans une heure.*

WILLIAM BLAKE

Au cours du voyage qui nous conduira de l'état embryonnai-re aux étoiles, nous rencon-trerons tous les visages de Φ. Parfois, le nombre d'or est énig-matique, et nous nous perdons en conjectures. Mais il lui arrive d'être tellement évident que nous nous demandons com-ment nous ne l'avons pas re-marqué plus tôt.

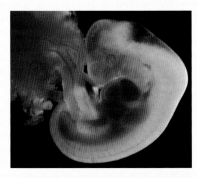

De fait, la « divine proportion » n'est pas plus évidente qu'elle n'est dissimulée ; elle se laisse même aisément traduire en mots : le rapport du tout au plus grand est exactement identique au rapport du plus grand au plus petit. Il est également possible de décrire cette divine proportion comme une suite numérique s'accroissant par addition continue des deux derniers nombres de la liste. Qu'est-ce que cela signifie au juste ? – ceux d'entre nous que rebutent les chiffres et les abstractions sont en droit de se poser la question ; eh bien, qu'il existe une relation, arithmétiquement démontrable, générant un ensemble de figures et de dynamiques très largement présentes autour de nous, dans la nature. Les lois de la proportion utilisées par les artistes en découlent, elles aussi, et dans le domaine spirituel, ces principes d'harmonie sont maintenant des vérités fondamentales ; au quotidien, ils inspirent les proportions mêmes de notre corps charnel.

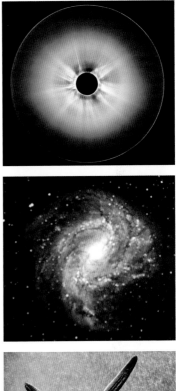

La fascination séculaire qu'a ainsi suscitée le nombre d'or s'explique largement par ce qu'il recèle de possibilités d'harmonie, de régénération et d'équilibre – entre autres propriétés nombreuses et remarquables :

harmonie manifeste dans les schèmes naturels qui régissent l'apparition des plantes, des coquillages, du vent ou des étoiles ;

régénération à l'œuvre dans les formes et les corps solides qui constituent la base de tout, depuis l'ADN jusqu'aux contours de l'univers ;

équilibre précieusement lové dans la spirale de notre oreille interne et réfléchi par la silhouette en constante mutation de l'embryon humain bientôt projeté vers l'existence.

Dans le monde commun, nous parlons généralement de *proportion* pour exprimer la relation d'une chose par *rapport* à une autre, ou par *rapport* à un ensemble. Nous nous fondons sur la similitude qui

existe entre deux *rapports*. Un rapport est donc d'abord une *comparaison*. Des expressions comme « trois quarts » ou « deux cents pour cent » sont des rapports, et on les retrouve partout. Nous les employons chaque jour afin de comparer toutes sortes de choses.

Pour créer une proportion, nous comparons deux rapports et introduisons une unité de référence afin que la comparaison puisse fonctionner. Si nous voulons être plus précis encore dans l'examen et la description de ladite proportion – ainsi que le font les mathématiciens –, alors les mots viennent à notre secours, qui savent dire à quel point x est proportionnel à y.

> *Pourrais-je te comparer à une journée d'été ?*
> *Tu es plus adorable et mieux tempérée...*

WILLIAM SHAKESPEARE

> *Depuis des siècles, les femmes font office de miroirs*
> *magiques et délicieux chargés de réfléchir l'image*
> *de l'homme au double de sa taille naturelle.*

VIRGINIA WOOLF

Afin de bien intégrer cette notion de proportion, regardons ce qui se passe quand nous nous tenons devant un miroir. Plus nous nous en approchons, plus ce que nous voyons de nous-même est localisé – mais détaillé. Si nous reculons, nous en voyons de plus en plus, toutefois le reflet est alors de moins en moins détaillé. Nous disposons ainsi de deux rapports – le proche est trop grand, le lointain trop petit – et d'une proportion : la taille du reflet est proportionnelle à notre distance par *rapport* au miroir.

Pour représenter un rapport impliquant des nombres, nous nous servons d'un trait destiné à diviser ses deux parties. Pour exprimer une proportion, nous plaçons le signe « égale » entre deux rapports.

La traduction mathématique de la divine proportion – ou nombre d'or – utilise le signe grec Φ. Sa formule algébrique est $\Phi = \dfrac{(1+\sqrt{5})}{2}$.

Euclide, le célèbre mathématicien grec qui, le premier, exprima par des mots la divine proportion, divisa une ligne en deux sections, de telle manière que le rapport de la ligne entière à son segment le plus grand fût équivalent au rapport du segment le plus grand au plus petit : *« Une droite est dite divisée en moyenne et extrême raison quand toute la quantité est au plus grand segment comme ce dernier est au plus petit »*.

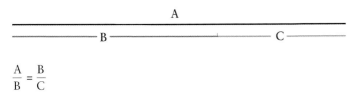

$$\frac{A}{B} = \frac{B}{C}$$

Traduite en formes géométriques, cette proportion, Φ, décrit comme par magie maintes structures qui organisent la nature. Utilisée par les architectes, elle donne naissance à des constructions d'une symétrie stupéfiante. Étendue à la science, elle permet d'énoncer d'étourdissants principes abstraits aux applications multidimensionnelles. Φ apparaît dans la conception des pyramides d'Égypte, au Parthénon athénien et dans nos cathédrales gothiques. Artistes et artisans n'ont jamais cessé de faire appel au nombre d'or, qui se présente à nous comme l'expression parfaite des principes naturels de croissance et d'énergie dynamique.

Mystiques, philosophes, musiciens, hommes de science ou d'État, peintres et poètes, amoureux de la sagesse ou simples citoyens : l'histoire abonde en personnalités saisies par l'harmonie de cette merveilleuse proportion et qui, tour à tour, en sondèrent les mystères pour y découvrir toujours plus de vertus inédites et exaltantes. D'une

Il suffit de regarder depuis l'intérieur du Parthénon athénien pour prendre conscience de la force et de l'intemporelle beauté de ses proportions.

discipline à l'autre, il suffit de se pencher pour déceler la présence et les propriétés du nombre d'or. L'observation de la nature, la magie mathématique, l'art et l'architecture les ont magnifiquement reflétées, la musique leur a fait écho et les poètes y ont puisé comme à une source. Non sans reconnaître, toujours, leur nature universelle et transcendante. Pourquoi ?

Le nombre d'or ne parle, au fond, que de nous-mêmes. Sa dimension essentielle surgit lorsqu'on a posé l'« équation humaine » et accepté de considérer la proportion comme une relation dont nous sommes partie intégrante. À contempler la place qui est la nôtre dans cette équation, nous découvrirons que nous sommes à la fois le tout, la plus grande des parties de ce tout – et aussi la plus petite, dans un rapport invariablement équilibré du tout au plus grand, et du plus grand au plus petit.

Passeur subtil entre macrocosme et microcosme, le nombre d'or met en scène le plus grand et le plus petit dans leur liaison la plus intime : l'un et l'autre, en effet, ne sont pas séparés, mais reliés. La proportion les lie de telle manière qu'un jeu de miroirs permet de distinguer le grand dans le petit, et le petit au sein du grand. Que disons-nous d'autre lorsque nous assimilons le corps humain à l'univers, ou que nous contemplons « l'univers dans un seul grain de sable »...

Nous sommes capables d'identifier une forme d'après son ombre. La couverture d'un livre suffit à nous en donner une idée. Le simple son de sa voix nous dit l'humeur d'un interlocuteur. Nous parlons volontiers en comparaisons et en métaphores. Nous suivons ainsi les règles de la simple proportion et constatons combien elles rendent les choses plus claires à nos yeux. Pour observer l'univers, la divine proportion nous fournit une optique sans pareille...

Les dimensions les plus lointaines et les plus générales de la Loi sont celles qui lui confèrent sa valeur universelle. C'est à travers elles qu'il est non seulement possible de devenir un grand maître dans son activité, mais aussi de réussir à se connecter à l'univers et à capter un écho de l'infini, un fragment de son insondable processus évolutif, une trace de la loi universelle.

OLIVER WENDELL HOLMES, JR. (1841–1935),
THE PATH OF LAW

Détail de *La création d'Adam* (Michel-Ange, 1475–1564). L'instant divin où le doigt du créateur atteint et touche le doigt de sa créature.

Quelque part au plus profond de nous-mêmes, nous considérons les lois universelles comme avérées, de toute éternité. Pour assimiler ce que Φ a encore à nous enseigner, il nous faudra observer les innombrables façons qu'il a eues d'apparaître et d'être utilisé. Dans ce voyage qui nous ramènera à l'édification des pyramides et nous conduira sur les voies les plus sacrées du présent, nous verrons le nombre d'or se dévoiler tel qu'en lui-même : un principe d'harmonie et de mouvement. Nous découvrirons différents états de sa trame intérieure, qu'ils soient mathématiques, créatifs ou spirituels, et ferons l'expérience de sa nature réflexive.

Le périple est passionnant, qui élargira notre connaissance du temps passé et des espaces méconnus. Comme une musique aux résonances harmoniques, le nombre d'or réveille une vieille sagesse, dispersée dans une infinité d'expressions. Et comme toutes les bonnes choses, cette proportion parfaite, là où elle passe, crée de la beauté.

Il n'est pas de plaisir qui ne soit en harmonie avec la part la plus profonde de notre nature divine.

HEINRICH SUSO (V. 1295–1366), MYSTIQUE ALLEMAND

Chapitre 1

LES SECRETS
DU NOMBRE D'OR

La géométrie compte deux grands trésors :
le premier est le théorème de Pythagore ;
l'autre le partage d'une droite entre
moyenne et extrême raison. On pourrait
comparer le premier à une mesure d'or ;
le second à un joyau inestimable.
JOHANNES KEPLER

L e nombre d'or, au cours des siècles, a été découvert et
parfois redécouvert par bien des gens. À chaque fois ils
ont été frappés par ses propriétés, lui donnant au passage
les noms les plus variés – et justifiés : divine proportion,
juste milieu, section dorée, rapport doré, division sacrée… Toutes ces appellations se réfèrent au rapport mathématique
désigné par Φ : la relation, dans une proportion parfaite, du tout
aux parties qui le composent. Une relation si parfaite que ces parties
sont dans le même rapport les unes vis à vis des autres que la plus
grande l'est au regard du tout.

Si la section dorée détient le pouvoir de créer l'harmonie,
c'est en vertu de sa capacité sans pareille à unifier les dif-
férentes composantes d'un ensemble, de telle manière que
chacune préserve son identité et parvient pourtant

L'ARCHE D'ALLIANCE

On retrouve le nombre d'or dès l'Ancien
Testament. Ainsi Dieu dans l'Exode (XXV, 10)
ordonne-t-il à Moïse de construire l'arche de
l'alliance :

« Vous ferez une arche de bois d'acacia qui
ait deux coudées et demie de long, une coudée
et demie de large, et une coudée et demie de
haut. »

Le produit de ces dimensions est une forme
exactement proportionnée au nombre d'or.

À GAUCHE : cette gravure sur bois du livre
L'atmosphère : météorologie populaire (Camille
Flammarion, 1842–1925) met en scène un
personnage s'échappant du monde médiéval
pour aller découvrir les mécanismes secrets
qui régissent l'univers.

Une inscription accompagne ce tableau :
«Naufragé à Rhodes, Aristippe de Cyrène,
le philosophe socratique, remarqua des
diagrammes tracés sur le sable et prévint
ses compagnons : ‹Nous pouvons être confiants,
car je vois des signes humains›. »

*à se fondre dans la figure supérieure d'un ensemble
singulier.*

GYORGY DOCZI, LE POUVOIR DES LIMITES

UN MYSTÈRE À SONDER

Lorsque l'humanité commença à sonder les mystères de l'univers,
elle inventa de nouveaux langages, déclinant ses découvertes et sa
sagesse à travers art et architecture, chansons et mélopées, rituels
sacrés… Avec, toujours, une révérence profonde, car la capacité du
cœur et de l'esprit humains à comprendre les mystères les leste aussi
d'une redoutable responsabilité.

À force de s'interroger gravement sur la nature de leur être véritable,
nos ancêtres ont exprimé de mille façons les vérités existentielles. En
ces temps très différents du nôtre, les chiffres servaient à révéler interactions mystiques et harmonies célestes : déjà, le nombre d'or
avait trouvé sa place dans le langage balbutiant des mathématiques.
Un langage porteur d'applications concrètes autant que symboliques, capables de percer les secrets les plus opaques. Un langage
situé quelque part entre les mondes traduisibles en paroles et ceux
que seul l'art sait décrire, selon des modalités mystérieuses, harmonieuses, presque magiques, en vertu desquelles les abstractions prennent forme réelle et les problèmes les plus pratiques trouvent des solutions jusqu'alors inconnues.

Maîtriser – sur le plan le plus pratique – les causalités et les proportions s'est toujours révélé bien utile, notamment dans la vie de tous
les jours. Jadis, on calculait le rapport mathématique qu'on a nommé
nombre d'or, ou divine proportion, au moyen d'une corde. La grande pyramide de Kheops et le Parthénon athénien lui doivent leur visage particulièrement harmonieux.

L'Œil d'Horus

Ce hiéroglyphe était utilisé par les scribes, dans leurs calculs, pour symboliser les fractions.

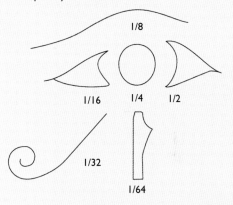

Dans une vallée proche des monts de Thèbes, en Égypte, se dressait un modeste monastère appelé Ta Set Maat, ou Le Lieu de la Vérité. Il avait été édifié à proximité du village de Deir al-Medina et abritait une communauté de travailleurs attachés à la construction des tombeaux royaux.

Cette fresque murale provient de l'une des tombes et montre l'*Udjat*, l'œil d'Horus, tenant une lampe d'où s'élèvent deux flammes. L'œil d'Horus revêtait une importance mystique. Fils unique d'Isis et Osiris, Horus avait juré de venger le meurtre de son père Osiris par son oncle Seth. Au cours d'un féroce combat, Seth arracha l'œil d'Horus et le déchiqueta en six morceaux qu'il dispersa à travers le pays. Horus répliqua en castrant Seth. Les dieux finirent par intervenir et désignèrent Horus pour régner sur l'Égypte. Puis ils demandèrent à Thôt, le dieu de la connaissance et de la magie, de reconstituer l'œil d'Horus. Ainsi l'organe arraché et retrouvé devint-il un symbole d'intégrité, de lucidité, d'abondance et de fertilité.

Chaque élément représentait une fraction de 1/2 à 1/64 et pouvait être employé dans autant de combinaisons qu'on le souhaitait. Il se raconte qu'un jour, un jeune scribe annonça à son maître que l'addition de toutes les fractions de l'œil d'Horus n'égalait pas 1, mais 63/64... Le maître répondit que Thôt fournirait le 1/64 manquant à tout scribe sollicitant et acceptant sa protection.

Ces six parties correspondent également aux six sens : le toucher, le goût, l'ouïe, la vue, l'odorat... et la pensée.

Même s'il a été « compris » bien des siècles plus tôt, le nombre d'or doit sa première « articulation » mathématique à Euclide d'Alexandrie (v. 325–265 av. J.-C.) et à l'ouvrage *Éléments*. Dans son cinquième chapitre, Euclide y trace une ligne droite et la divise entre « extrême et moyenne raison ».

> « *On dit d'une droite qu'elle est partagée entre extrême et moyenne raison lorsque le rapport de la ligne entière à son segment le plus grand est égal au rapport de ce plus grand segment au plus petit.* »

En d'autres termes AB/AC = AC/CB. L'équation exprime que AB est à AC ce que AC est à CB.

Le rapport ainsi calculé est approximativement de 1,61803 à 1, qu'on désigne aussi par $\frac{(1+\sqrt{5})}{2}$, ou Φ.

Orphée, personnage mythologique, était l'un des maîtres poètes et musiciens de la Grèce antique. Il inventa la lyre. Sa voix était si douce qu'il avait par son chant le pouvoir de charmer les bêtes sauvages, de déplacer arbres et rochers et de détourner les fleuves de leur cours. La musique, d'une façon qui ne se prête pas à l'analyse géométrique, a toujours été associée aux canons de la proportion.

Le symbole grec Φ est l'équivalent de la sonorité « Phi ». On l'utilise pour représenter la proportion décrite par Euclide dans le cinquième chapitre de ses *Éléments*. On nomme cette proportion le nombre d'or. Elle est également connue comme la proportion d'or, le juste milieu ou le rapport doré.

Nombre d'Or et Géométrie

En suivant les proportions de la ligne euclidienne, on peut tracer un rectangle dont un côté est égal à 1 et l'autre à Φ,

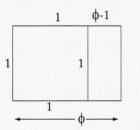

et un pentagramme dont les segments a, b, c, d, en ordre de longueurs décroissantes, sont dans un rapport de 1,618…, soit Φ.

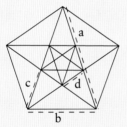

Il est également possible de construire une spirale d'or à partir de rectangles ou de triangles emboîtés les uns dans les autres :

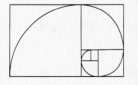
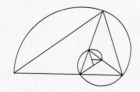

Les rectangles intégrés au dessin du Parthénon sont basés sur le rapport doré Φ.

Au centre de cette pomme, on distingue un pentagramme dont les côtés sont dépendants de Φ.

La spirale d'or basée sur Φ rappelle exactement la façon dont sont dessinés de nombreux coquillages et cornes d'animaux.

EUCLIDE D'ALEXANDRIE

EUCLIDE D'ALEXANDRIE est le plus grand professeur de mathématiques de tous les temps. *Les Éléments*, son livre, est toujours utilisé dans l'enseignement de la géométrie. On sait peu de sa vie sinon qu'il enseigna en Égypte, à Alexandrie. Proclus (410/412–485), le dernier des grands philosophes grecs, a dit d'Euclide :

« Il vivait à l'époque du premier des Ptolémées, car Archimède mentionne son existence. On dit qu'un jour Ptolémée demanda à Euclide s'il n'y avait pas de voie plus courte que celle des Éléments pour apprendre la géométrie. Euclide lui répondit qu'en géométrie il n'y avait point de voie royale. »

Proclus nous dit aussi qu'Euclide était plus jeune que Platon et se sentait en sympathie avec sa philosophie ; il terminera ses *Éléments* (livre XIII) par l'étude des cinq polyèdres réguliers, dits solides de Platon. Nous y reviendrons : longtemps, ils apparurent comme la parfaite description de notre univers. Et tout naturellement, ils intégraient le nombre d'or.

Stobée, compilateur macédonien de la seconde moitié du Ve siècle de notre ère, enrichira quelque peu notre connaissance d'Euclide :

« L'un de ses élèves, qui avait commencé à apprendre la géométrie auprès d'Euclide, lui demanda, après avoir eu connaissance du premier théorème : ‹A quoi cela va-t-il me servir d'avoir appris ces choses ?› Euclide appela son esclave et lui dit : ‹Donne trois sous à celui-là, puisqu'il lui faut tirer profit de tout ce qu'il apprend.› »

N'y eût-il eu ni cercle ni triangle dans la nature,
les vérités démontrées par Euclide conserveraient
encore et à jamais leur certitude et leur évidence.

DAVID HUME (1711–1776),
PHILOSOPHE ET HISTORIEN ÉCOSSAIS

Le génie d'Euclide pour traduire la logique en langage compréhensible et en tirer des lois inédites a représenté une avancée majeure. *Éléments* est l'un des ouvrages scientifiques les plus importants de l'histoire de l'humanité, car il marque le début d'un nouveau mode de pensée, fondé sur la réflexion empirique.

Les générations qui ont succédé à Euclide ont poursuivi cet effort de dévoilement des mystères de l'univers, en utilisant les nombres pour les décrire et les confirmer. L'histoire du nombre d'or s'inscrit dans cette aventure extraordinaire.

ÉTUDIER L'UNIVERS

Le livre d'Euclide, *Éléments*, s'ouvre par différentes définitions et cinq axiomes, ou postulats. Les trois premiers axiomes évoquent la construction : ils établissent, par exemple, qu'il est possible de tracer une ligne droite entre deux points quels qu'ils soient. Ces axiomes admettent implicitement l'existence des points, des lignes et des cercles, dont est déduite l'existence des autres formes géométriques.

Le célèbre cinquième postulat, ou axiome des parallèles, établit que par un point extérieur à une droite, on peut mener une et une seule parallèle à cette droite. Il a été contesté au XIXᵉ siècle quand la géographie non-euclidienne, fondée sur l'existence des courbes, commençait à être étudiée.

Après Euclide et Platon, la liste est longue de ceux qui étudièrent le nombre d'or. Elle inclut Johannes Kepler, Luca Pacioli, Roger Penrose et l'inoubliable Léonard de Pise : Fibonacci. Les recherches attachées au nombre d'or, aujourd'hui, ont déjà réalisé une performance impressionnante : elles ont permis à l'astrophysique et à la métaphysique de se rencontrer. Une fois encore les mathématiques ont repoussé les frontières du mystère. Notre vision du monde se

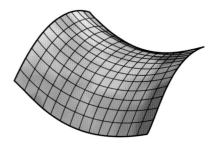

GÉOMÉTRIES NON-EUCLIDIENNES

Ce qui distingue la géométrie euclidienne des autres géométries, c'est le sort réservé aux parallèles. Chez Euclide, deux droites parallèles ne se croisent jamais et restent inévitablement séparées par une même distance. D'autres théories géométriques établiront qu'il n'y a pas de droites parallèles et que deux droites se rencontreront toujours quelque part, ou encore que les parallèles peuvent exister, mais sans être pour autant toujours équidistantes l'une de l'autre.

A chacun sa façon d'apprendre. Certains procèdent en suivant des méthodes d'investigation scientifiques, d'autres interrogent leur nature.

Les érudits étudient dans les livres.

Un derviche contemple son intériorité.

trouve confrontée à de nouvelles découvertes qui défient toute interprétation antérieure.

Dans un monde qui s'est, pendant vingt siècles, constitué un extraordinaire corpus de connaissances soumis aux canons de la logique et de la pensée rationnelle, nous prenons conscience, avec les physiciens, que l'expérience, plutôt que le savoir, est la véritable clé qui invite à la découverte des grands principes universels.

Comme dit un vieil adage, s'il existe une fleur que nul ne peut voir, comment savoir qu'elle existe ? Nous ne disposons d'aucune méthode qui nous permette d'en apporter la preuve à coup sûr. De la même manière, nous ne savons pas avec certitude qu'une loi mathématique, quelle qu'elle soit, est absolument vraie dans tous les cas : le nombre de ses applications est infini.

Ce début de prise de conscience nous donne ainsi d'autre yeux pour scruter et d'autres oreilles pour écouter : nous présumons vivre dans le même univers que celui qui préexistait à sa description mathématique par Euclide... mais nous ne pouvons pas en être parfaitement certains.

Le seul univers qu'il nous soit vraiment possible de décrire, c'est celui dont nous sommes aujourd'hui en train de faire l'expérience.

Un précepte musulman fait écho à ces nouvelles réflexions mathématiques. Il assure qu'Allah a créé l'univers de manière à pouvoir être, lui, Allah, Son propre objet d'étude.

Cette modification de point de vue est importante. Ce qu'il y a de passionnant, avec le nombre d'or, c'est justement sa façon d'exprimer la relation qui découle de notre propre mise en équation avec l'univers. Nous, et l'univers. L'univers, en nous.

PARTAGER UNE DROITE ET TROUVER LE NOMBRE D'OR

Pour diviser toute droite de manière à la partager entre moyenne et extrême raison, prendre une droite AB donnée. Tracer une perpendiculaire à AB, soit BD, de manière à ce que $BD = \dfrac{AB}{2}$.

Relier A et D.

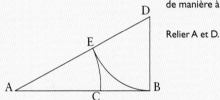

Avec D pour centre et DB pour rayon, rabattre un arc de cercle coupant AD par le point E. Avec A pour centre, et AE pour rayon, dessiner un arc de cercle coupant AB par le point C. Le point où C coupe la ligne AB sépare cette ligne en moyenne et extrême raison.

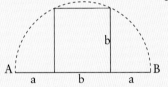

Il est possible de le démontrer en dessinant un carré sur AB. Le centre de ce segment devient le centre d'un demi-cercle.

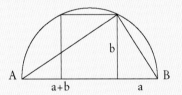

Les triangles qu'on peut tracer depuis le point où la ligne b croise la circonférence du cercle sont dits «triangles similaires». L'un d'eux a pour côtés (a+b) et b, l'autre a pour côtés b et a. Ces deux triangles ont des angles congrus et leurs côtés sont tous proportionnels. Ce sont des triangles d'or. La droite AB est proportionnelle au segment (a+b) comme le segment (a+b) est proportionnel au segment a.

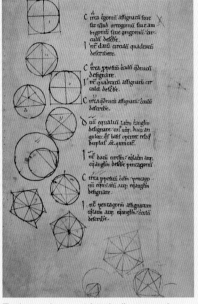

Traduction latine médiévale d'une page des *Éléments* d'Euclide en arabe

Chronologie: Ils Ont Fait Avancer

PHIDIAS (490–430 av. J.-C.)

Sculpteur et mathématicien grec, il apporta une aide directe à l'édification du Parthénon. On dit qu'il appliqua la « divine proportion » à la réalisation des sculptures du monument.

PLATON (427–347 av. J.-C.)

Les cinq solides réguliers qu'il décrit dans le *Timée* seraient à la base de la structure harmonieuse de l'univers. Le nombre d'or joue un rôle crucial dans les dimensions et la formation de ces corps solides.

EUCLIDE (325–265 av. J.-C.)

Dans *Éléments*, il donna la première définition jamais recensée du nombre d'or.

LÉONARD FIBONACCI (1170–1250)

Il découvrit la séquence numérique qui porte désormais son nom. Cette suite est étroitement liée au nombre d'or.

LUCA PACIOLI (1445–1517)

Il explique dans *Divina proportione* pourquoi le rapport doré doit être appelé nombre d'or.

JOHANNES KEPLER (1571–1630)

Il a qualifié le nombre d'or d'« inestimable joyau ».

LA CONNAISSANCE DU NOMBRE D'OR

CHARLES BONNET (1720–1793)

Par l'étude de la phyllotaxie des plantes, il a remarqué en les comptant que les spirales s'enroulant dans le sens horaire et celles allant dans le sens opposé correspondaient souvent à deux nombres successifs de la suite de Fibonacci.

MARTIN OHM (1792–1872)

Il est considéré comme le premier à avoir employé de manière explicite le terme « section dorée » pour décrire le nombre d'or.

EDOUARD LUCAS (1842–1891)

Il a officiellement ajouté sa « suite associée, dite de Lucas », à celle de Fibonacci.

MARK BARR (XXᵉ siècle)

Mathématicien américain, il a, vers 1909, donné au nombre d'or la première lettre grecque du nom de Phidias, soit Φ (Phi).

ROGER PENROSE (né en 1931)

Ses recherches en matière de pavage périodique lui ont permis de découvrir une symétrie utilisant le nombre d'or. Cette symétrie a donné lieu à une avancée déterminante dans le domaine des quasicristaux.

UNE BRÈVE HISTOIRE DU NOMBRE D'OR

Ce qui suit retrace de façon succincte les moments les plus significatifs de l'histoire du nombre d'or, sur lesquels nous reviendrons plus en détail au fil de cet ouvrage.

Le miracle, c'est que l'univers a créé une partie de lui-même destinée à en étudier l'autre partie, et que cette partie, à s'étudier elle-même, finit par trouver le reste de l'univers dans sa propre réalité naturelle et intérieure.

JOHN C. LILLY (1915–2001),
CHERCHEUR

Si nous savons que le rapport aujourd'hui connu sous le nom de nombre d'or a toujours existé dans les mathématiques et les œuvres de la nature, nous ignorons la date de sa découverte et de ses premières applications humaines. On peut raisonnablement supposer que certaines, sinon la plupart de ses caractéristiques, ont été découvertes, perdues puis découvertes à nouveau à de nombreuses reprises au hasard de l'histoire. On comprend mieux ainsi pourquoi on retrouve Φ sous tant de désignations différentes.

Nous verrons, lorsque nous nous pencherons sur la vie de Fibonacci, qu'une masse immense d'informations rassemblées par les Grecs a complètement échappé à l'Europe pendant le Moyen Âge. Seuls la curiosité et le génie de Léonard de Pise (Fibonacci) lui ont permis, au gré de ses voyages, de recoller les morceaux égarés pour en revenir avec une trouvaille brillante et inconnue.

Les textes du tout premier historien, HÉRODOTE, au Ve siècle avant Jésus-Christ, conduisent à penser que les Égyptiens utilisèrent le nombre d'or pour bâtir la grande pyramide et que les Grecs, qui l'appelaient la section dorée, lui ont subordonné la conception du Parthénon.

On dit que PHIDIAS (490–430 av. J.-C.), sculpteur et mathématicien grec, étudia la section dorée et l'appliqua aux ornements qu'il réalisa pour le Parthénon. Bien que la totalité de ses créations aient disparu, nous savons ce que d'autres en ont écrit. Son œuvre la plus célèbre – la statue de Zeus à Olympie – faisait partie des Sept Merveilles du monde antique.

PLATON (v. 427–347 av. J.-C.), dans ses travaux sur les sciences naturelles et la cosmologie, évoque l'existence d'une certaine proportion (aujourd'hui connue sous le nom de juste milieu) considérée comme la plus opératoire de toutes les corrélations mathématiques et la clé de la physique cosmique.

EUCLIDE (325–265 av. J.-C.) énonça dans son théorème des *Éléments* la division d'une ligne droite entre « extrême et moyenne raison ». C'est par l'intermédiaire de ce théorème et de sa démonstration que le nombre d'or a été pour la première fois traduit en langage mathématique. Euclide l'associa également à la construction d'un pentagramme – étoile à cinq branches.

FIBONACCI (1170–1250), né Léonard de Pise, en Italie, découvrit les propriétés surprenantes d'une suite numérique (0, 1, 1, 2, 3, 5, 8, 13, 21…) qui porte aujourd'hui son nom, quoiqu'on ne soit pas certain que lui-même y ait repéré la correspondance avec le nombre d'or. Son ouvrage *Liber abaci* a joué un rôle central dans l'adoption par les Européens du système décimal indo-arabe, de préférence aux chiffres romains utilisés jusque-là.

LUCA PACIOLI (1445–1517), géomètre, ami des grands peintres de la Renaissance, redécouvrit en quelque sorte le « secret d'or » et proposa de le nommer « divine proportion » dans le traité éponyme qu'il publia en 1509 – et qu'illustra pour lui Léonard de Vinci, avec en particulier de magnifiques dessins des cinq solides de Platon. C'est probablement Léonard qui, le premier, parla de *sectio aurea*, la transcription latine de « section dorée ».

Les peintres et sculpteurs de la Renaissance, dans leur quête de beauté, ont été nombreux à adopter le nombre d'or. Si l'on en croit plusieurs études, Léonard de Vinci s'en servit notamment pour définir l'ensemble des proportions fondamentales de *La Cène* et de *La Joconde*. De tout temps, les artistes ont incorporé le nombre d'or et sa

LÉONARD DE PISE, connu sous le nom de Fibonacci, publia au XIIIe siècle un ouvrage où il posait le problème théorique de la reproduction des lapins.

La résolution du problème tient en une série de nombres, nommée suite de Fibonacci : 0, 1, 1, 2, 3, 5, 8, 13… Ces nombres sont, d'une façon très sophistiquée, liés au nombre d'or.

symbolique dans leurs œuvres, utilisant son harmonie sous-jacente pour atteindre à la symétrie et à l'équilibre. Ils se sont évertués à exprimer son intemporelle beauté ainsi qu'elle se déploie à travers les principes du mouvement naturel.

JOHANNES KEPLER (1571–1630) découvrit le caractère elliptique du mouvement des planètes autour du Soleil, dévoila également les correspondances manifestes entre la divine proportion et la suite de Fibonacci, où chaque nombre s'obtient à partir de la somme des deux précédents. Il montra que les rapports des nombres qui composent cette fameuse suite tendent à approcher le nombre d'or. Il étudia aussi les plantes et présuma, à juste titre, de l'influence de la fameuse séquence dans la croissance végétale.

Dans ses *Recherches sur l'usage des feuilles dans les plantes*, CHARLES BONNET (1720–1793) caractérisa les différents types d'implantation foliaires. Étudiant la phyllotaxie des plantes, il souligna que le nombre des spirales s'enroulant dans le sens horaire et le nombre de celles allant dans le sens opposé étaient souvent deux termes successifs de la suite de Fibonacci.

MARTIN OHM (1792–1872), mathématicien allemand, avait pour frère aîné le physicien George Ohm, qui a donné son nom à l'unité de mesure de la résistance électrique. Martin Ohm serait le premier à avoir employé formellement le terme « section dorée » (*goldener Schnitt*) pour évoquer la divine proportion, dans un *post-scriptum* à l'édition de 1835 de son ouvrage *Die reine Elementar-Matematik* : « *Il est aussi coutumier d'appeler section dorée cette division d'une ligne donnée en deux segments de ce type ; il est dit aussi quelquefois dans ce cas que la ligne r est partagée en proportion continue.* »

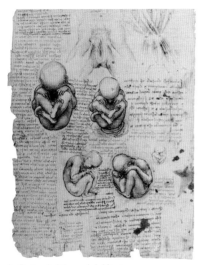

Le Foetus de Léonard de Vinci

Artistes, hommes de sciences, mathématiciens et philosophes ont dévoilé bien des secrets de la nature. C'est notamment le cas des lois de l'équilibre naturel et des propriétés de régénération inhérentes au nombre d'or.

Étude pour l'invitation au Sideshow (Georges Seurat, 1859–1891)

Seurat fait ici un usage manifeste de la divine proportion – du nombre d'or.

LES EXPÉRIENCES DE GUSTAV FECHNER

GUSTAV THEODOR FECHNER (1801–1887) fut l'un des pionniers de la psychologie expérimentale. Intrigué par le nombre d'or, il réalisa de nombreuses expériences pour essayer d'en savoir plus. Il commença par prendre les mesures de milliers d'objets rectangulaires – livres, boîtes, immeubles – et s'aperçut que les dimensions du rectangle moyen utilisé dans chaque cas approchaient le rapport de Φ. Il constata par la suite, en présentant une série de rectangles différents à un public-test, que la majorité des personnes consultées préféraient le même rectangle.

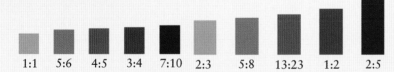

| 1:1 | 5:6 | 4:5 | 3:4 | 7:10 | 2:3 | 5:8 | 13:23 | 1:2 | 2:5 |

Fechner mena de nombreuses expériences comme celle-ci, dans laquelle il demande à la personne interrogée de désigner le rectangle qu'elle préfère – sur un plan esthétique. Chacun peut reproduire l'expérience ici, et comparer sa préférence personnelle avec le graphique où sont portés les résultats de l'enquête de Fechner.

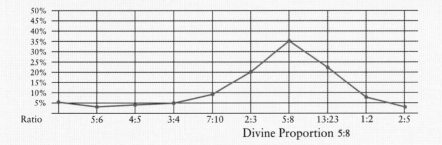

Divine Proportion 5:8

JAY HAMBIDGE (1867–1924), spécialiste en histoire de l'art à l'Université de Yale, s'intéressait à certains rapports géométriques manifestement «sacrés». Il souhaitait notamment démontrer que l'architecture et l'art grecs étaient inspirés par une construction géométrique. Comme tous les experts en géométrie sacrée – et fins limiers –, Hambidge procéda à d'interminables calculs sur des dizaines d'objets de tailles différentes, principalement des vases, pour établir sans contestation que c'était une proportion, et non leur simple mesure, qui déterminait leurs dimensions essentielles. Ses recherches débouchèrent sur un principe nommé «symétrie dynamique» qui intègre le nombre d'or et conduit, assure-t-il, à une symétrie fondamentale de l'art.

Il apparaît clairement, à la lecture de cette note de Martin Ohm, que la paternité du terme « section dorée » lui échappe. Il semble cependant que 1835 marque la première apparition du terme dans le langage courant. Une édition antérieure du même ouvrage ne mentionnait pas l'expression.

A l'arithméticien français EDOUARD LUCAS (1842–1891), qui travailla sur la théorie des nombres et étudia la *suite associée* dite *de Lucas*, il revient d'avoir officiellement baptisé du nom qui lui est resté la suite de Fibonacci.

L'Américain MARK BARR, lui, choisit en 1909 la lettre grecque Φ pour identifier la divine proportion, qu'on désignait alors aussi par les termes de juste milieu, section dorée ou rapport doré. Φ renvoie à Phidias comme au F, première lettre du nom de Fibonacci.

Le physicien britannique ROGER PENROSE, né en 1931, posa avec Stephen Hawking l'hypothèse de la censure cosmique, qui suggère que l'univers nous protège de l'imprédictibilité des phénomènes tels que les trous noirs en les dissimulant à notre vue. Penrose est aussi connu pour sa découverte du « Pavage de Penrose » : il permet de « paver » des surfaces en respectant un type de symétrie jusqu'alors considéré comme impossible ; une avancée décisive dans la compréhension de la matière, dont découle directement la description des quasi-cristaux – qui présentent des axes pentagonaux ou décagonaux tous liés au nombre d'or.

Cette liste serait incomplète si l'on oubliait de mentionner la correspondance de l'architecte français Le Corbusier avec Albert Einstein. Le Corbusier considérait que l'industrie devait se doter d'un système de mesure proportionnelle capable de réconcilier les besoins du corps humain et la beauté du nombre d'or ; c'est en ce sens qu'il imagina le Modulor en 1943 : un ensemble de mesures harmoniques reposant justement sur les proportions du corps humain. « Une

gamme de proportions qui rend le mal difficile et le bien facile »,
commenta Einstein une fois qu'il eut écouté Le Corbusier lui présenter son invention.

*Toutes choses sont chargées de signes, et sage est celui à qui
une chose peut en apprendre sur une autre.*

PLOTIN (205–270), PHILOSOPHE ROMAIN

Quasicrystal World, réalisé par l'artiste
contemporain Matjuska Teja Krasek

*Le juste milieu, ou « golden mean », est la pro-
portion qui nous permet l'expérience de la
séduction esthétique. Je crois que ce qui nous
le rend si beau, c'est qu'il apparaît dans les
proportions de nos propres corps, et qu'en
même temps nous pouvons le retrouver dans
le monde qui nous entoure. C'est pourquoi il
n'est pas étonnant qu'il ait été si présent dans
l'histoire de l'art et intégré à tant d'œuvres.
Aujourd'hui, à la fin du XXe siècle, il ne devrait
pas être ignoré.*

MATJUSKA TEJA KRASEK, ARTISTE SLOVÈNE

Chapitre 2

PYTHAGORE ET LE MYSTÈRE DES NOMBRES

*Il y a de la géométrie dans la vibration
des cordes… Il y a de la musique
dans l'espacement des sphères.*
PYTHAGORE

La Création et l'expulsion du paradis (1445,
Giovanni di Paolo, 1400–1482)

Di Paolo dévoile un cosmos partagé en plusieurs
cercles concentriques, les quatre éléments, les
cieux – le Soleil, la Lune et les planètes, les étoiles
fixes, le *Primum mobile* – la première des sphères
célestes –, qui gouvernait le mouvement de
toutes les sphères inférieures, et l'Empyrée, séjour de Dieu et des anges. Le nombre des sphères
représentées dans ce genre de tableau pouvait
varier, car les théologiens ne parvenaient pas à
trancher entre le caractère sphérique de l'Empyrée et sa nature infinie, donc immatérielle autant
qu'inconnaissable. Cela posait aux artistes un sérieux problème : Di Paolo choisit ici de ne pas associer l'Empyrée à un cercle mais à une zone située au-delà du dernier anneau, suggérant l'infini.

À GAUCHE : une scène du Papyrus satirique (entre
1295 et 1069 av. J.-C.), provenant vraisemblable-
ment de Deir el-Medina, montre un lion et une
antilope jouant au senet, l'ancêtre égyptien des
échecs, très populaire.

Les nombres ont deux usages. Le premier est d'ordre pratique : ils servent à compter et à mesurer. Pourtant, le
plus souvent, ils ont été utilisés par ceux qui cherchaient
à comprendre et à expliquer l'inexplicable.

À l'époque préhistorique, quand l'homme commença à prendre
conscience des correspondances entre les cycles lunaires et les
grandes phases du développement vital, il imagina un vocabulaire
symbolique qui lui permette de représenter et de conserver une trace
des phénomènes naturels. Plus il avait besoin de consigner de nouveaux phénomènes, plus le langage gagnait en complexité – et plus la
notion de nombre se développait. Compter de un à quatre était assez
facile, mais s'aventurer au-delà exigeait une compétence spécifique.

La perception des nombres a été étudiée sur une large palette d'êtres
vivants, des corbeaux jusqu'à l'homme. Ces enquêtes ont révélé que
les humains d'âge adulte sont capables de compter jusqu'à quatre

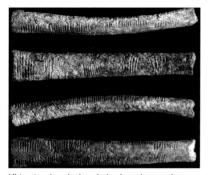

L'histoire du calcul et de la place des nombres dans nos existences nous renvoie loin, aux origines brumeuses de la vie et de la civilisation. Découvert au Congo, cet os ishango est l'objet le plus ancien contenant des encoches à vocation manifestement numérique. Il est vieux de 20 000 ans.

Cette tablette d'argile de la période paléo-babylonienne (v. 2004–1600 av. J.-C.) est gravée d'une table mathématique à quatre colonnes et quinze rangées, en écriture cunéiforme. L'argile, présente en abondance, avait aussi l'avantage, tant qu'elle restait humide, de permettre l'effacement des calculs. Une fois solidifiée, la tablette était jetée ou utilisée comme matériau de construction.

sans aucun entraînement. Aller plus loin requiert un apprentissage. C'est un processus en deux temps : d'abord, nous élaborons un système de calcul et développons les facultés nécessaires à la manipulation des nombres au sein de ce système. Afin de mémoriser et de pouvoir communiquer l'information ainsi recueillie, il nous faut, dans un deuxième temps, déterminer une manière de désigner chaque élément particulier. Une fois qu'un système est en place (et assimilé), et que les éléments en question sont désignés (et assimilés…), le moment vient d'inscrire les nombres, ce qui les rend nettement plus aisés à manipuler.

Pour être sûr que tous les moutons ont bien regagné leur bergerie, ou pour connaître le temps écoulé, il n'est pas indispensable de savoir compter de la manière sophistiquée qui est aujourd'hui la nôtre. Se passant de mots comme de concepts numériques abstraits, toutes sortes de techniques efficaces ont été inventées qui ont facilité le calcul. Encore maintenant, en Amérique, en Afrique ou en Asie, certaines populations règlent leurs affaires quotidiennes sans avoir besoin de verbaliser plus qu'une minorité de nombres.

Avec un vocabulaire borné aux simples concepts de « un », « deux » et « beaucoup », elles découpent des encoches dans des morceaux d'os ou des bouts de bois, tracent des lignes au sol, empilent des galets, des coquillages, ou marquent certaines parties de leur corps (doigts, orteils, coudes, yeux, nez) afin de conserver, de quoi que ce soit, une empreinte précise.

Les plus anciens objets connus servant à enregistrer les calculs sont des tablettes d'argile datant approximativement de 3200 avant Jésus-Christ et découvertes dans les territoires aujourd'hui couverts par l'Iran et l'Irak.

L'argile, non cuite, était gravée de figures assignées à des valeurs numériques. Les tablettes trouvées en Iran utilisaient un système de

LE SENS DES NOMBRES

Les spécialistes du comportement animal ont démontré que les animaux ont conscience des quantités. Cette notion est évoquée comme « le sens des nombres » ; elle permet à un animal de percevoir la différence de taille entre deux petits groupes d'objets identiques. Elle lui permet de déterminer que le groupe n'est plus le même si des objets en ont été retirés. Sauvage ou domestique, une mère animale s'aperçoit toujours quand l'un de ses petits a échappé au groupe. Il est possi-

ble d'entraîner des oiseaux à déterminer le nombre de graines présentes dans différents empilements jusqu'à cinq graines. Une célèbre histoire de corbeau – espè-

ce réputée pour son intelligence et sa ruse – confirme cette aptitude :

Un corbeau avait fait son nid dans la plus haute tour du château d'un seigneur. Celui-ci voulait se débarrasser du nid, mais quand il s'approchait de la tour, le corbeau s'envolait – pour revenir quand le seigneur avait tourné les talons. Le seigneur imagina un stratagème : il se fit accompagner dans la tour par un homme à qui il demanda de s'éloigner – mais le corbeau attendit que les deux hommes fussent partis. Le seigneur répéta l'expérience avec deux, trois, quatre compagnons, mais cela ne suffisait pas à berner le corbeau. Ils vinrent à cinq, gagnant la tour puis la quittant, jusqu'à ne laisser sur place qu'un. À ce stade le corbeau perdit le fil de ses calculs et retourna à son nid. Le seigneur, alors, put s'en débarrasser.

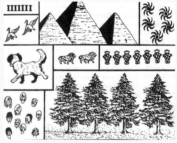

Ce tableau illustre notre perception des nombres. Certains ensembles parlent immédiatement à notre sens numérique, mais les autres nous obligent à les dénombrer.

LES PREMIERS CALENDRIERS

Calendrier néo-assyrien des bons et des mauvais jours (705–681 av. J.-C.)

Suivre la lune pour connaître ses cycles était la préoccupation première des peuples du néolithique, car il leur était ainsi possible de prévoir les changements de saison. Cette volonté constante de conserver une trace des observations du ciel aura sans doute été le meilleur moteur du développement des mathématiques.

Il y a cinq mille ans, les Sumériens de la vallée du Tigre et de l'Euphrate disposaient d'un système calendaire divisant l'année en mois de trente jours, le jour en douze périodes (qui correspondaient à deux de nos heures), et chacune de ces périodes en trente subdivisions de quatre (de nos) minutes.

Aucun texte ne fait référence à la construction des alignements de Stonehenge, il y a plus de quatre mille ans en Angleterre. Leur disposition indique toutefois qu'ils servaient notamment à déterminer les événements célestes ou saisonniers, comme les éclipses de lune ou les solstices.

La partie plus ancienne de Stonehenge date des années 2950–2900 avant Jésus-Christ. Des trous de poteaux datant de 2900 à 2400 suggèrent la présence de charpentes en bois au centre du monument et à son ouverture Nord-Est, mais rien ne permet d'imaginer quelle fut leur forme ou leur fonction précises. Dans la dernière phase de sa construction (entre 2550 et 1600 av. J.-C.), d'énormes pierres de grès y furent ajoutées puis déplacées après avoir été transportées depuis une carrière distante de 80 kilomètres.

Le premier calendrier des Égyptiens se basait sur les cycles de la lune, mais autour de 3100 avant notre ère, ils réalisèrent que l'« Étoile du chien », que nous appelons Sirius, apparaissait au côté du Soleil tous les 365 jours, à peu près au moment où commençait la crue du Nil. C'est ainsi qu'ils divisèrent le calendrier en 365 jours.

Le papyrus d'un calendrier des bons et des mauvais jours (1200 av. J.-C.).

calcul à base 10, celles d'Irak une base 60 (sexagésimale). Ces deux systèmes sont encore en vigueur de nos jours : la base 10 dans notre système décimal, et la base 60 dans la façon dont nous mesurons le temps (soixante minutes…) ou divisons un cercle en degrés.

L'archéologie nous a appris que les Babyloniens étaient parvenus à une haute expertise de l'algèbre, de la géométrie et de l'astronomie. Ils calculaient même au moyen de nombres irrationnels et d'expansions décimales infinies ; les problèmes posés et les méthodes conduisant à leurs résolutions étaient alors formulés oralement, en mots plutôt qu'en symboles ou en équations.

LA CIVILISATION ÉGYPTIENNE ET LES MATHÉMATIQUES

L'Égypte, dont la civilisation s'étendit sur près de quatre mille ans, a laissé peu de traces de ses connaissances mathématiques car le papyrus, dont on se servait alors pour écrire, était particulièrement fragile. Le Papyrus de Rhind, qui date de 1650 avant Jésus-Christ, donne toutefois une indication claire du niveau de calcul que les Égyptiens avaient atteint et de la façon dont ils s'y étaient pris pour en arriver là. Ce rouleau de près de six mètres de long, large de trente centimètres, porte le nom de l'Écossais Alexander Henry Rhind, qui en fit l'acquisition à Louxor en 1858 ; on l'appelle aussi parfois Papyrus d'Ahmès, en hommage au scribe dont on dit qu'il le recopia à partir d'un autre document, antérieur de deux siècles. L'exergue du texte stipule qu'il est « une étude approfondie de toutes les choses, un aperçu de tout ce qui existe, la connaissance de tous les secrets opaques ». Le papyrus, rédigé en écriture hiératique, contient 87 problèmes résolus d'arithmétique, d'algèbre, de géométrie et d'arpentage.

Les premières civilisations agricoles d'Égypte, de Mésopotamie et de régions plus orientales encore ont produit une variété considérable de mathématiques appliquées, d'une complexité souvent extraordinaire. Ces peuples envisageaient leurs mathématiques en lien

Le Papyrus de Rhind date de 1650 avant Jésus-Christ. Il décrit les méthodes de calcul utilisées par les Égyptiens pour résoudre différents problèmes.

Les Égyptiens se passaient de monnaie ; les transactions se réalisaient donc à partir d'échanges de denrées, pain et bière le plus souvent. L'un des problèmes posés par le Papyrus de Rhind est le suivant : comment partager neuf miches de pain entre dix convives ? S'il ne tenait qu'à nous, nous distribuerions 9/10 d'une miche à neuf convives, et les petits morceaux représentant 1/10 de chaque miche au dixième. Les Égyptiens avaient imaginé une autre solution : le papyrus explique que 9/10 = 2/3 + 1/5 + 1/30. Cette formule exige davantage de découpes de chaque miche, mais elle garantit que chaque convive recevra une même part.

Louxor est le nom contemporain de la ville de Waset, en partie édifiée sur le site de l'ancienne Thèbes. Le temple de Waset peut être considéré comme la première université de l'histoire. Les pharaons et les grands prêtres y venaient étudier les « hauts mystères ».

La ville d'Alexandrie fut fondée par Alexandre le Grand. L'un de ses successeurs, Ptolémée I Soter, inaugura le musée, ou Bibliothèque royale d'Alexandrie, en 283 av. J.-C. La bibliothèque fut détruite au cours de la guerre civile qui éclata à la fin du IIIe siècle de notre ère, sous le règne de l'empereur romain Aurélien.

Le musée avait été conçu d'après le lycée d'Aristote à Athènes. Il était composé d'espaces d'enseignement, de jardins, d'un zoo et d'autels. Certaines estimations assurent que la Bibliothèque d'Alexandrie contenait plus de 500 000 documents de Mésopotamie, de Grèce, de Perse, d'Égypte, d'Inde et d'autres pays. Plus d'une centaine de savants habitaient le musée, pour y effectuer des recherches, écrire, enseigner, traduire ou copier des textes.

toujours étroit avec l'évolution de leur pensée religieuse et philosophique. Aujourd'hui encore, nos sociétés s'appuient sur les fondations mathématiques édifiées par la Grèce antique, de même que les Grecs devaient à l'Égypte la totalité des inventions humaines, du calcul à l'écriture en passant par la géométrie, l'astronomie ou le jeu de dés… Entre 4000 et 3000 avant notre ère, les prêtres égyptiens commençaient déjà à engranger une mémoire écrite. Plus de deux mille ans après, en Grèce, faute de graphie adéquate, les poèmes d'Homère devaient se contenter d'une transmission orale.

Écoutons l'historien grec Hérodote :

> « *Le pharaon Sésostris aurait partagé le pays entre tous les Égyptiens, attribuant à chacun un lot égal et prescrivant qu'on lui verse une redevance annuelle. Quiconque subirait un préjudice et perdrait une partie de sa terre du fait des crues du Nil viendrait à lui ; alors le roi enverrait des experts chargés de mesurer dans quelle proportion la terre avait diminué, afin de réduire en proportion l'impôt originellement exigible. De là date, à mon avis, l'art de la géométrie.* »

> *Dans ses Commentaires sur les Éléments d'Euclide, Proclus de Lycie rapporte qu'Eudème, un disciple d'Aristote, déclara : « Nous dirons, fidèles à la tradition courante, que les Égyptiens ont les premiers inventé la géométrie, et que Thalès, le premier Grec à avoir visité l'Égypte, en ramena la théorie en Grèce. »*

L'importance de l'Égypte comme source de sagesse ne peut donc être sous-estimée. Le temple de Thèbes (aujourd'hui Louxor), première université jamais bâtie, était connu comme le « sceptre » – emblème du pouvoir surnaturel des dieux. Il fut construit pendant le règne d'Aménophis III, vers 1391 avant notre ère. À son zénith il

PREMIERS VOYAGEURS GRECS EN ÉGYPTE

HÉRODOTE est connu comme le premier de tous les historiens. Sa grande *Histoire* a pour objet les guerres médiques entre la Grèce et la Perse (499–479 av. J.-C.) et leurs préliminaires. Telle qu'elle nous est parvenue, l'*Histoire* est divisée en neuf livres qui relatent le contexte et le déroulement de ces conflits. On sait peu de choses d'Hérodote sinon qu'il écrivait, mais il était à l'évidence instruit et voyageait beaucoup. On suppose qu'il naquit à Halicarnasse, une colonie grecque au sud-ouest de l'Asie mineure, alors sous domination perse. S'il a écrit son *Histoire*, c'est sans doute, pense-t-on, que le jeune Hérodote avait été particulièrement impressionné par l'importance de l'empire perse et par les caractéristiques de son armée, unifiée sous un seul commandement au contraire des troupes grecques politiquement divisées. Afin d'expliquer cette différence à ses lecteurs, Hérodote tisse une intrigue complexe constituée de contes mythologiques, de rumeurs et de légendes variées qui nourrissent sa description de l'empire et des peuples vaincus par les Perses.

THALÈS DE MILET est l'un des légendaires Sept Sages, ou *Sophoi*, de l'Antiquité – un groupe d'hommes illustres, anciens politiciens et philosophes présocratiques, qui vivaient aux VIIe et VIe siècles avant notre ère. Thalès est surtout resté dans les mémoires pour sa cosmogonie : l'eau serait l'essence de toute chose, et la Terre un disque plat flottant sur un vaste océan. Ses écrits ne lui ont pas survécu, pas plus que des témoignages qui lui soient contemporains. Ses réalisations sont donc difficiles à établir. On lui attribue néanmoins de nombreuses maximes, ainsi le « Connais-toi toi-même » du temple de Delphes ou « Évite de donner ta caution ».

D'après Hérodote, Thalès était un pragmatique qui se servait de ses connaissances géométriques pour mesurer les pyramides égyptiennes comme pour calculer la distance séparant un navire de la côte. On dit aussi qu'il parvint à prédire une éclipse de soleil le 28 mai 585 (av. J.-C.).

Lui reviendrait également la découverte de cinq théorèmes géométriques : (1) tout diamètre partage le cercle en deux parts égales ; (2) les angles à la base d'un triangle isocèle sont égaux ; (3) les angles opposés par le sommet quand deux droites se coupent sont égaux ; (4) un angle inscrit dans un demi-cercle est droit ; (5) un triangle est déterminé si la base et les angles à la base sont connus.

La coutume antique tendait à créditer les hommes réputés sages des découvertes les plus significatives ; on ne peut donc affirmer avec certitude que Thalès est bien l'auteur de toutes ces avancées.

Aristote assure cependant que Thalès fonda une école philosophique, l'école de Milet ou école ionienne, basée sur sa cosmogonie. Considéré dans une perspective moderne, l'apport de Thalès vaut moins par cette théorie de l'univers que par sa tentative d'élucidation de la nature au moyen des phénomènes physiques. C'est dans la nature qu'il cherchait la lumière, pas dans les caprices de telle ou telle divinité. Sa contribution philosophique tient pour partie à la façon dont il a su relier la mythologie et la raison.

LE DÉVELOPPEMENT D'ATHENES

Au VIIIᵉ siècle avant Jésus-Christ, un groupe de citoyens de haut rang, littéralement «parvenus» à un grand confort matériel, renversent leur roi. Les affaires des propriétaires terriens les plus riches ne tardent pas à prospérer, mais dans le même temps, la majorité des petits paysans se retrouvent criblés de dettes. Pour les honorer, ils en arrivent à vendre leurs enfants et leurs épouses, jusqu'à se proposer eux-mêmes comme esclaves, à Athènes et au delà.

Conscriente de la gravité de la situation, la population athénienne, en 594 av. J.-C., confie les rênes du pouvoir politique à un homme seul, Solon. Son premier geste est d'annuler toutes les dettes excessives et de libérer les Athéniens. Malgré une réforme du système de gouvernement de la cité, Solon ne pourra venir à bout de la crise économique ; en quelques années, Athènes plonge dans l'anarchie. Pisistrate s'empare du pouvoir : la tyrannie qu'il met en place aura autant d'importance dans la création de la démocratie athénienne que les réformes de Solon. Pisistrate est à la fois chef de guerre et soucieux de réformes culturelles. Il charge poètes et artistes de faire d'Athènes une société brillante. De nombreuses années et bien des réformes plus tard – vers 500 av. J.-C. –, la cité réussira à stabiliser sa civilisation et sa structure politique : elle est alors plus ou moins une démocratie. C'est une ville belle et riche, une capitale artistique et littéraire qui va dominer le monde antique pour une bonne centaine d'années.

reçut 80 000 étudiants ; Thalès de Milet, Platon, Aristote, Socrate, Euclide, Pythagore, Hippocrate, Archimède et Euripide ont été de ceux-là. Saint Clément d'Alexandrie, qui était grec lui-même, a dit qu'un livre de mille pages ne suffirait pas à recenser les noms de tous les Grecs qui se rendirent à Kemet – le nom que les Égyptiens donnaient à leur propre pays.

LA GRÈCE À L'ÉPOQUE CLASSIQUE

En Grèce, la fin de l'époque mycénienne (v. 1600–1100 av. J.-C.) vit l'extinction de la monarchie et l'émergence d'une myriade de petites cités-États. Certaines d'entre elles étaient administrées par des aventuriers qui s'étaient emparés du pouvoir, d'autres par un groupe restreint d'individus, une « oligarchie » exerçant « le pouvoir du petit nombre ». D'autres encore avaient créé des formes embryonnaires de démocratie (« gouvernement du peuple ») et conféré à tous les citoyens mâles le droit de participer au pouvoir : c'est à Athènes que prospéra la plus célèbre des démocraties, qui permit à la liberté individuelle d'atteindre un niveau inédit dans l'Antiquité.

L'apparition de cette nouvelle forme de gouvernement favorisa une période de réalisations politiques, philosophiques, artistiques et scientifiques qui constituent l'héritage fondateur de la civilisation occidentale. Cet âge d'or s'étendit sur à peine plus d'un siècle, approximativement de 480 avant Jésus-Christ, date de la défaite des envahisseurs perses à Salamine, jusqu'à la mort d'Alexandre le Grand en 323.

L'une des premières grandes questions qui préoccupa la philosophie grecque touchait à l'arithmétique et à la géométrie, opposées en une dispute théorique : laquelle était la plus fondamentale ? La première, qui s'appuie sur les nombres, ou la seconde, qui traduit les concepts en configurations ?

La question en cachait une autre : l'univers est-il constitué d'éléments séparés (discontinus) qu'il est possible de *compter*, ou de substances en expansion continue qu'il est seulement envisageable de *mesurer* ? Cette distinction fut probablement inspirée par un clivage linguistique, analogue à celui qui différencie par exemple le mot « pomme », évoquant des éléments séparables, et le mot « eau » qui désigne une masse.

Si l'on veut pleinement comprendre comment cette question a pu être soulevée, et apprécier l'importance extrême de la mystique des nombres tout autant que leur relation à la divine proportion, il convient de se pencher sur le système de numération que nous utilisons aujourd'hui, puis sur les leçons de Pythagore.

Les Nombres Aujourd'hui

Notre système de numération moderne comprend différents types de nombres, à commencer par les nombres naturels, les nombres entiers, les nombres rationnels et irrationnels, les nombres réels.

Les nombres naturels sont le 1, le 2, le 3… Ils sont positifs. Nous les utilisons pour compter et désigner les éléments d'une série. Ils obéissent à des lois simples, familières à la plupart d'entre nous. Tous les nombres naturels sont entiers.

Les nombres entiers incluent le zéro et les nombres négatifs : … -3, -2, -1, 0, 1, 2, 3… Le nombre 0 vient de l'arabe *sifr* (qui a donné aussi le mot chiffre) ; dépourvu de valeur numérique, il est là pour occuper une position et nous aide à distinguer 10, 100 et 1000. Les nombres entiers sont également régis par des règles simples. Ce sont tous des nombres rationnels.

Les nombres rationnels sont des nombres pouvant s'écrire sous la forme d'un rapport (ou quotient) de deux nombres entiers dont le

Miniature du XIIIe siècle tirée de la vie de l'Enfant Jésus

L'usage des symboles plus et moins (+ et -) apparut pour la première fois dans un texte au XIVe siècle, quand le mathématicien, théologien et traducteur normand Nicole d'Oresme (1323–1382), dans *Algorismus proportionum*, remplaça le latin *et* (qui signifie « et ») par le premier de ces deux signes. Il se passera encore du temps avant qu'ils ne figurent en tant que tels dans les textes mathématiques. Nous savons qu'on les utilisait pour indiquer, sur un tonneau, s'il était plein ou vide.

Le Gallois Robert Recorde (v. 1510–1558), le premier à introduire l'algèbre en Angleterre, ne se servait pas d'eux dans ses travaux arithmétiques. En 1557, Recorde décida d'utiliser un symbole composé de deux segments parallèles, pour éviter de toujours devoir écrire « *est égal à* ». L'innovation ne prit pas immédiatement, car certains préféraient un autre symbole (| |). L'abréviation *ae* ou *oe* (pour le latin *aequalis*) sera également employée au XVIIIe siècle.

JEUX DE NOMBRES

Les propriétés et les applications possibles des nombres ont souvent quelque chose d'absolument magique.

285	Choisissez n'importe quel nombre à trois chiffres dont l'unité et la centaine sont différents.	

$$1+2+1=2^2$$
$$1+2+3+2+1=3^2$$
$$1+2+3+4+3+2+1=4^2$$
$$1+2+3+4+5+4+3+2+1=5^2$$

582 — Inversez l'ordre des trois chiffres.

582 - 285 — Soustrayez le plus petit nombre du plus grand.

$$1^2=1$$
$$11^2=121$$
$$111^2=12321$$
$$1111^2=1234321$$
$$11111^2=123454321$$
$$111111^2=12345654321$$
$$1111111^2=1234567654321$$
$$11111111^2=123456787654321$$

=297 — Le résultat aura toujours 9 pour chiffre des dizaines, et le total des deux autres chiffres sera toujours égal à 9.

792 — Maintenant inversez les chiffres du nombre que vous venez d'obtenir.

792 + 297 — Additionnez les deux nombres.

= 1089 — Le résultat sera toujours 1089.

Le triangle de Pascal porte le nom de Blaise Pascal (1623–1662), bien qu'il ait été décrit plusieurs siècles plus tôt par le mathématicien chinois Yang Hui, et plus tôt encore par l'astronome et poète persan Omar Khayyám (1048–1123). En Chine on l'appelle donc « triangle de Yang Hui » (auteur en 1303 du *Précieux miroir des quatre éléments*). Chacun des termes du triangle de Pascal est la somme des deux nombres de la ligne supérieure qui l'encadrent.

```
            1
          1   1
        1   2   1
      1   3   3   1
    1   4   6   4   1
  1   5  10  10   5   1
 1   6  15  20  15   6   1
1  7  21  35  35  21  7  1
1 8 28 56 70 56 28 8 1
```

dénominateur ne peut pas être égal à zéro (nul). -2/1, 1/2, -5/7, -121/457 sont des nombres rationnels, exprimables en fractions (7/9) ou en décimales (0,53) dont le développement est périodique (répétition indéfinie de la dernière séquence de chiffres). Tous les nombres rationnels sont des nombres réels, ce qui signifie qu'ils ne sont pas imaginaires.

Les nombres irrationnels ne peuvent pas être exprimés en rapports de nombres entiers et leur représentation décimale est indéfinie : $\sqrt{2}$, $\sqrt{3}$, $\sqrt{5}$. Les nombres rationnels nous proposent des fractions telles que 1/11, soit 0,090 909..., une décimale répétée qui est, par définition, rationnelle. Avec les nombres irrationnels, nous avons affaire à des nombres comme $\sqrt{2}$, égal à 1 414 213 56237..., une décimale qui ne se répète jamais. Φ est aussi un nombre irrationnel. Tous les nombres irrationnels sont des nombres réels.

Les nombres réels (rationnels et irrationnels) sont tous les nombres associés à des longueurs ou à des grandeurs physiques, et sont définis comme l'ensemble des points d'une ligne droite orientée, appelée droite réelle.

DE L'ESPRIT À L'ÉCRIT

Il y a près de 3700 ans, des populations sémitiques du Sinaï – les futurs Phéniciens – fournissaient des travailleurs souvent forcés – donc des esclaves – aux Égyptiens. Ces derniers utilisaient alors un système d'écriture complexe, constitué de plusieurs centaines de symboles hiéroglyphiques. Les premiers Phéniciens adoptèrent vingt-deux d'entre eux pour retranscrire certains phonèmes dans leur propre langue. Un système que les Grecs reprendront à leur compte.

Lorsque leur civilisation commença à se développer, vers 500 av. J.-C., les Grecs disposaient d'un système de numération simple à base décimale, composé des vingt-sept lettres de leur alphabet. Les neuf

On reconnaît gravées sur ce vase en forme de coq du VIIe siècle av. J.-C. (un encrier ?) les premières lettres de notre alphabet. Quand les Grecs entrèrent en contact avec les Phéniciens (autour de 800 av. J.-C.), ils leurs empruntèrent leurs symboles pour élaborer leur propre alphabet. Les Phéniciens consommaient plus de consonnes que la langue grecque n'en exigeait : les Grecs transformèrent donc en voyelles les lettres superflues. Il devenait ainsi possible d'utiliser à la fois consonnes et voyelles pour former n'importe quel son. Cet alphabet fut par la suite adopté par les Romains, qui le feront évoluer vers la version que nous connaissons aujourd'hui.

L'École d'Athènes (Raphaël, 1483–1520)

La fresque de Raphaël s'efforce de donner une idée des multiples facettes de la réflexion humaine : elle représente certains des plus célèbres penseurs de la période classique, réunis en un lieu et à une époque mythiques. On reconnaît Platon et Aristote au centre, qui marchent en conversant, on retrouve aussi Pythagore et Euclide, Socrate et ses élèves Xénophon, Alcibiade et Diogène ; Parménide et son disciple Zénon. Des figures beaucoup plus tardives sont présentes, comme Épicure. Également convoqués par l'artiste, Zoroastre, fondateur du zoroastrisme, la religion de l'ancienne Perse, et Averroès (1126–1198), philosophe musulman et commentateur d'Aristote.

premières représentaient les unités de 1 à 9, les neuf suivantes les dizaines et les neuf dernières lettres, les centaines ; des caractères spéciaux servaient à exprimer les nombres supérieurs à 900. Ce système, qui ne comprenait pas de zéro, était dit non-positionnel, c'est-à-dire que les Grecs ne se servaient pas de colonnes comme nous le faisons pour conférer aux nombres une valeur. La quantité et la variété des symboles rendaient le système très pesant à utiliser, le moindre calcul exigeant une extrême habileté.

PYTHAGORE, LE PREMIER VRAI MATHÉMATICIEN

PYTHAGORE (v. 580–500 av. J.-C.) fut le premier des grands maîtres et philosophes de la Grèce antique. L'un des plus célèbres aussi, grâce au théorème qui lui est attribué. Il a vu le jour peu après l'arrivée au pouvoir de Solon. Créateur de l'école pythagoricienne, il est souvent décrit comme le premier vrai mathématicien.

Son enseignement a profondément influencé le travail de Socrate, de Platon et d'Aristote, les trois géants de la pensée grecque qui ont à eux seuls cimenté les fondations de la culture philosophique occidentale.

Pythagore appartient à une tradition de sagesse mystique tout autant qu'au monde des mathématiques. Il fut le quasi-contemporain du Bouddha, de Confucius, du Mahâvîra, de Lao-Tseu et probablement de Zoroastre. Et bien qu'il n'ait pas laissé de textes, la légende et ses biographes informels nous ont légué assez d'éléments d'information pour nous permettre de déduire avec certitude qu'il était révéré par ses disciples : les événements de sa vie tendent à être idéalisés et certains l'évoquent même comme une figure divine, à tout le moins un thaumaturge, intercesseur entre les dieux et les hommes. Nous savons également qu'il fonda une communauté spirituelle, dont les membres étaient tenus de garder certains enseignements à l'abri de la curiosité des non-initiés.

PYTHAGORE : MAÎTRE, PHILOSOPHE, MATHÉMATICIEN, MYSTIQUE

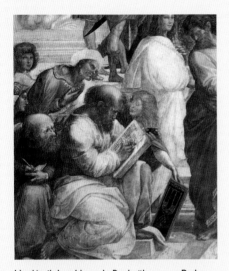

Un détail du tableau de Raphaël montre Pythagore occupé à écrire (alors que cela ne lui était pas habituel) et, à ses pieds, un jeune homme qui présente un panneau représentant la tétrade sacrée (*tetraktys*). Pythagore voyait dans l'organisation géométrique de l'harmonie musicale l'une des clés de l'ordonnancement cosmique. Il l'appelait « l'harmonie des sphères ».

Le père de Pythagore, MNÉSARQUE, était un marchand, tailleur de pierres précieuses à Tyr, sur la côte méridionale du Liban. Sa mère venait d'une petite île grecque de la mer Egée, Samos. Une histoire prétend que pendant une période de disette, Mnésarque ravitailla en maïs les habitants de Samos. Reconnaissants, ceux-ci lui accordèrent la citoyenneté, ainsi qu'à sa famille. Le jeune Pythagore voyagea beaucoup avec son père et reçut une excellente éducation.

À en croire la légende, Pythagore avait entre 18 et 20 ans lorsqu'il rencontra le célèbre Thalès de Milet, qui lui conseilla de partir étudier les grands secrets, les mathématiques et l'astronomie auprès des prêtres de la vallée du Nil. C'est ainsi que, vers 535 av. J.-C., Pythagore se mit en route, visita de nombreux temples égyptiens et rencontra lesdits prêtres. D'après un historien, toutefois, l'entrée à tous les temples lui fut refusée, à l'exception de Diospolis où il ne fut admis au sein de la communauté des prêtres qu'après un cérémonial draconien.

En 525 av. J.-C., Cambyse II, roi de Perse, envahit l'Égypte. Polycrate, tyran de Samos, dénonça son alliance avec l'Égypte et envoya quarante navires en soutien de la flotte perse – contre les Égyptiens. Après la victoire de Cambyse, Pythagore fut jeté en prison, puis emmené à Babylone. Une fois libre, il reprit le cours de ses voyages vers l'Orient et étudia en Perse auprès de Zoroastre. Il n'est pas impossible qu'il ait poussé jusqu'en Inde pour y recevoir l'enseignement de maîtres spirituels.

Il revint à Samos vers 520. Peu après son retour, il partit en Crète où le système législatif en place excitait son insatiable curiosité. Il se dirigea ensuite vers Crotone, en Grande Grèce – ainsi appelait-on le Sud de l'Italie – où il fonda une école philosophique baptisée « le demi-cercle » : les membres de la communauté prirent le nom de *mathematikoi*. Végétariens, allégés de leurs biens matériels, ils vivaient en permanence dans l'enseignement de leur maître. Au bout d'un moment, Pythagore et ses disciples furent bannis de Samos par un clan rival et s'installèrent à Métaponte, une colonie fondée par les Grecs deux siècles plus tôt au centre du golfe de Tarente. C'est là que mourut Pythagore.

CE QU'ON A RACONTÉ DE PYTHAGORE

Une année, alors que Pythagore se dirigeait vers Olympie pour assister aux jeux athlétiques, il croisa en chemin un groupe d'amis ; leur discussion tourna très vite autour des prophéties, augures et autres manifestations divines. Pythagore défendit l'idée que savoir rester fidèle à sa vocation permettait de recevoir des messages directement venus des dieux. À cet instant un aigle le survola, fit demi-tour, descendit vers lui et se posa sur son bras.

Alors qu'il franchissait la rivière Casus – près de Métaponte – en compagnie d'un groupe de disciples, Pythagore s'arrêta au milieu du pont pour rendre hommage à l'esprit de la rivière. D'une voix claire et forte, audible de tous, la rivière répondit : « Salutation, Pythagore ! »

Ses biographes rapportent que Pythagore, le même jour, aurait été vu enseignant ses disciples à Métaponte en Italie, et à Taormina en Sicile ; deux villes séparées par quelque 300 kilomètres de terre et de mer. Certains le prétendaient capable de couvrir cette distance en volant au moyen de la flèche d'or qu'il tenait d'Abaris, l'Hyperboréen.

L'invention du mot « philosophie » est attribuée à Pythagore. Alors qu'on lui demandait « Es-tu sage ? », il aurait répondu « Non, mais j'ai l'amour de la sagesse ». Le mot grec *philo* signifie amour, et *sophia*, sagesse.

Un autre jour, comme on lui demandait : « Qu'est-ce que la philosophie ? », il aurait répondu :

« La vie est comparable à ces jeux d'Olympie où les Grecs venus de tous les horizons se rassemblent : les uns afin de prétendre à la gloire des vainqueurs, les autres pour y faire du commerce, d'autres enfin pour assister au spectacle. De même, dans la vie, certains se mettent au service de la renommée, certains autres choisissent l'argent, mais la meilleure décision est celle que prennent les rares qui préfèrent passer leur temps dans la contemplation de la nature, en amoureux de la sagesse. »

Au cours d'un voyage de Sybaris à Crotone, Pythagore rencontra un groupe de pêcheurs qui remontaient leurs filets remplis de poissons. Par jeu, il leur assura qu'il savait le nombre exact des poissons pêchés. Les marins lui répliquèrent que, s'il tombait juste, ils obéiraient à n'importe lequel de ses ordres. On compta les poissons, et il s'avéra que leur nombre correspondait

Pythagore, le premier philosophe. Allégorie de l'époque

à la prédiction de Pythagore. Sa requête, en retour, fut simple : il leur demanda de rejeter les poissons à la mer, ce qu'ils firent. Tous les poissons étaient encore vivants, malgré le long moment passé hors de l'eau. Pythagore paya aux marins le prix de leur pêche et reprit la route de Crotone.

LES ENSEIGNEMENTS DE PYTHAGORE

Ce que ses disciples ont retenu et développé des leçons de leur maître constitue le pythagorisme. Une pensée qui s'appuie notamment sur la métaphysique des nombres et sur l'idée que la réalité (musique et astronomie comprises) est, à son degré le plus élevé, de nature mathématique : « *Tout est nombre* ». La spéculation astronomique et géométrique à laquelle se sont consacrés les pythagoriciens mêlait théorie rationnelle des nombres et numérologie mystique.

Ces spéculations les conduisirent à une perception intuitive de l'harmonie cosmique (*harmonia* : assemblage, *kosmos* : bel agencement des choses). Leur application à la théorie musicale du quaternaire, ou tetraktys (*tetra* : quatre, *aktys* : lumière rayonnante), « source et racine de l'éternelle nature », visait ainsi à révéler l'ordonnancement parfait dissimulé derrière les notes. Pythagore se référait à la « musique des sphères » qu'il assurait entendre. Selon lui, la distance des corps célestes à la Terre correspond aux intervalles musicaux – une théorie qui engendrera, vivifiée par les conceptions platoniciennes, la fameuse harmonie des sphères. Les pythagoriciens réfléchirent également sur les cinq corps solides, qu'on nomme solides mathématiques, un concept ultérieurement prolongé par Platon et Euclide (et finalement Kepler) autour des « figures cosmiques ».

Voici quelques-unes des convictions principales des pythagoriciens :

A son niveau le plus élevé, la réalité est de nature mathématique.
La philosophie peut être utilisée comme outil d'élucidation spirituelle.
L'âme humaine est en union avec le divin.
Certains symboles ont une véritable signification mystique.

La légende raconte que, vers 430 av. J.-C., le philosophe pythagoricien Hippase de Métaponte bouleversa radicalement la vision du

Pythagore désignant un globe terrestre sur une monnaie romaine

DIOGÈNE LAËRCE (IIIe siècle), biographe des philosophes de l'Antiquité, dit de Pythagore qu'il prétendait être le fils d'Hermès…

> *« Et Hermès lui avait annoncé qu'il lui serait accordé tout ce qu'il voudrait, sauf l'immortalité. Il avait donc demandé que, vivant ou mort, il eût le souvenir de tout ce qui lui arriverait. Et ainsi, pendant sa vie, il n'oublia rien, et après sa mort il conserva intacte sa mémoire. »*

Une autre histoire est relatée par Diodore de Sicile (Ier siècle av. J.-C.) :

> *« On raconte que, voyageant un jour à Argos, il pleura en voyant parmi les dépouilles troyennes un bouclier suspendu au mur et que, interrogé par les Argiens sur les motifs de son chagrin, il répondit : ce bouclier était à moi lorsque j'étais Euphorbe, à Troie ; Il raconte qu'on ne voulait pas le croire et qu'on le traitait même de fou, il ajouta qu'on trouverait la preuve, du fait qu'il y avait sur la partie interne du bouclier le mot Euphorbe tracé en anciens caractères. Tout le monde demanda avec surprise qu'on détachât le bouclier, et on y trouva en effet l'inscription indiquée. »*

PYTHAGORE OU L'ÉLÉGANCE MATHÉMATIQUE

LE THÉORÈME DE PYTHAGORE

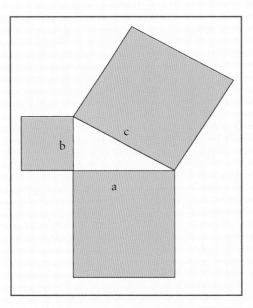

C'est sans doute comme l'auteur du théorème qui porte son nom que Pythagore est resté le plus célèbre, un théorème élaboré longtemps avant lui en Égypte, à Babylone, au Japon et en Inde : dans tout triangle rectangle, la somme des carrés des deux côtés a et b est égale au carré de l'hypoténuse c ; en d'autres termes, $a^2 + b^2 = c^2$.

Il existe de nombreuses démonstrations différentes de cette proposition. La plus ancienne qu'on connaisse est chinoise, illustrée dans le *Zhoubi suanjing* (*Le Classique mathématique du Gnomon des Zhou et des voies célestes circulaires*, IIIe siècle). La figure de l'hypoténuse y livre la preuve visuelle immédiate du théorème.

LES TRIPLETS DE PYTHAGORE

Il est possible de dessiner des triangles rectangles avec des nombres entiers satisfaisant à l'équation $a^2 + b^2 = c^2$. Le triangle 3–4–5 est le plus connu d'entre eux. Il y a une infinité de nombres de ce type, baptisés triplets de Pythagore : 5–12–13 ou 7–24–25.

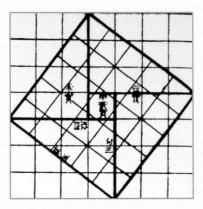

La preuve visuelle du théorème de Pythagore apparaît dans le *Zhoubi suanjing* chinois (ci-dessus), révélée par le triangle 3–4–5. On peut également le démontrer en étudiant les diagrammes suivants :

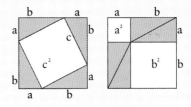

Les aires des parties non ombrées de chaque carré sont égales.

AUTRES APPLICATIONS DU THÉORÈME DE PYTHAGORE

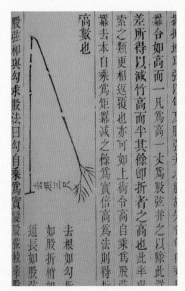

Ces tablettes babyloniennes – IIe millénaire avant notre ère – expliquent comment calculer aires et dimensions de
triangles. Elles témoignent d'une connaissance de leurs propriétés géométriques.

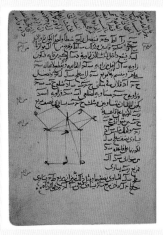

Le problème du bambou brisé est tiré
de l'ouvrage de Yang Hui *Xiangjie jiuzhang suanfa* (*Explications détaillées sur
les Neuf chapitres*, 1261). Le bambou,
qui forme un triangle rectangle naturel, y est présenté comme un exemple
des propriétés associées aux triangles
de ce type dans toutes sortes de situations.

L'équation présentée par le problème
56 du Papyrus de Rhind décrit le calcul
de l'angle d'inclinaison d'une pyramide
par le rapport de sa base horizontale à
sa hauteur.

Dans un ouvrage arabe du XIIIe
siècle intitulé *Explication de la géométrie euclidienne*, il est démontré
que le théorème de Pythagore utilise la figure euclidienne dite « du
moulin à vent ».

Hermès Trismégiste

Cette représentation d'Hermès provient d'un carreau en mosaïque de la cathédrale de Sienne (v. 1488). L'inscription le glorifie comme un prophète du Christ. Hermès Trismégiste (« trois fois très grand ») était à l'origine un prêtre égyptien, également connu de son peuple comme le commandeur des trois mondes, le scribe de Dieu ou le gardien des Livres de vie. La divinité grecque Hermès, que les Grecs considéraient comme un messager entre dieux et mortels, est à la fois issue du dieu égyptien Thôt et d'Hermès Trismégiste. Pythagore prétendait être son fils.

Hermès, fils de Zeus, était depuis sa naissance aussi génial qu'espiègle, aimé de tous les dieux. Il n'avait pas vu le jour depuis cinq minutes qu'il avait déjà dérobé le troupeau de bœufs sacré d'Apollon, chaussant ses souliers à l'envers afin de laisser des empreintes inversées. Il sacrifia deux bœufs, cachant les autres dans une caverne. Il récupéra ensuite une carapace de tortue sur laquelle il tendit la peau du bœuf, ajouta deux cornes et étira les boyaux sur l'ensemble. La lyre était née, qu'il offrit à Apollon pour se faire pardonner.

monde de ses contemporains en démontrant géométriquement que le rapport entre le côté et la diagonale d'un carré ne pouvait être exprimé en nombres entiers : ces nombres étaient donc incommensurables ; en d'autres termes, il prouva l'existence des nombres irrationnels. Il se serait alors trouvé en mer avec des amis : à peine leur avait-il fait part de sa grande découverte qu'il fut, dit-on, jeté par-dessus bord et périt noyé. Vertige de l'infini. L'évidence logique de sa démonstration, apparemment, n'était pas admissible.

Mais il est des secrets difficiles à garder. La réalité qu'Hippase avait ainsi exposée n'était pas facile à démonter. Confrontés à la réalité des nombres irrationnels, les Grecs les baptisèrent nombres « muets », « privés de raison » ou même « innommables » car ils étaient effectivement impossibles à désigner comme des nombres réels. Seule l'opération qui les détermine le permet, telle la « racine carrée de 2 ».

La découverte des nombres irrationnels posa un extraordinaire problème aux mathématiciens et philosophes grecs quant à la nature de l'univers. Il leur était difficile d'accepter l'idée que certaines formes ne pouvaient être mesurées au moyen de nombres rationnels ; aussi décidèrent-ils que nombres et configurations, ne pouvant être associés, devaient être distingués. Cette décision mena, hélas, à une rupture entre arithmétique et géométrie – jusqu'à Descartes (1596–1650). C'est en effet à sa *Géométrie* que nous devons l'application de l'algèbre à la géométrie. En combinant les deux disciplines, la géométrie cartésienne permettra de résoudre rapidement et avec élégance des problèmes jusqu'alors impossibles à démontrer.

En recourant au théorème de Pythagore, il est pourtant facile de constater que les nombres irrationnels sont indispensables à sa mise en équation. Si l'on considère un triangle rectangle de côté 1, le théorème énonce que $1^2 + 1^2 = 2^2$. Or la longueur de l'hypoténuse est $\sqrt{2}$. Cette longueur ne peut donc porter d'autre nom que $\sqrt{2}$.

René Descartes

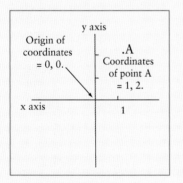

La géométrie cartésienne

Descartes : Philosophe, Mathématicien, Sceptique

René Descartes (1596–1650), mathématicien, savant et philosophe français, fut l'un des premiers à abandonner les théories logiques d'Aristote. Il anticipa le développement d'une nouvelle branche des mathématiques, fondée sur l'observation et l'expérimentation. À force d'apliquer son scepticisme aux systèmes en place, il arriva à son fameux raisonnement, « *Je pense, donc je suis* » (en latin « *cogito, ergo sum* »).

A huit ans, Descartes rejoignit un établissement d'enseignement tenu par les jésuites. De santé délicate, il obtint le droit de rester tard au lit le matin et ne renonça plus jamais à cette habitude, ainsi qu'il le confia à Pascal en 1647 : la meilleure façon qu'il ait trouvée de réaliser un bon travail mathématique tout en préservant sa santé, disait-il, c'était d'avoir toujours interdit à quiconque de le tirer du lit avant qu'il n'en éprouve lui-même le désir…

Un jour, alors qu'il avait à peu près vingt ans et se promenait dans la rue, il vit une affiche en néerlandais qui excita sa curiosité. Il arrêta des passants afin que quelqu'un lui traduisît le texte en français ou en latin. Un étranger qui se trouvait être Isaac Beeckman, directeur d'un collège local, se proposa à condition que Descartes répondît à la question posée ; car l'affiche, comme un défi lancé au monde entier, décrivait un problème géométrique. Descartes réussit à le résoudre en quelques heures et se fit de Beeckman, à cette occasion, un ami fidèle.

La Géométrie Cartésienne

La géométrie cartésienne (ou géométrie analytique) étudie les formes géométriques et propriétés. La première, elle relia l'arithmétique et la géométrie en déterminant un ensemble d'axes coordonnés en fonction desquels les configurations géométriques peuvent être mesurées. Dans un espace unidimensionnel, les seules figures envisageables sont la ligne et le point. Une fois choisis un point comme origine et une unité de longueur, il est possible d'assigner un nombre à chaque point sur la ligne en la mesurant par rapport un axe simple x. Dans un espace bidimensionnel, comme le montre l'illustration, il faut deux nombres pour désigner chaque point. La droite qui prolonge l'axe x et celle tracée le long de l'axe y se rencontrent dans cet espace en deux dimensions.

La « liaison » cartésienne entre les champs d'étude nous a enfin permis de visualiser des images géométriques issues de différents concepts arithmétiques et algébriques. Ce fut le début d'une période très fertile en recherche mathématique. Dans l'espace cartésien, il nous est devenu maintenant tout à fait naturel d'exprimer une formule sous la forme d'une courbe ou d'une autre figure.

D'après Euclide, le rapport de la droite AB à son segment le plus long AC est équivalent au rapport de ce plus long segment au plus petit segment CB. Le rapport qui en résulte est approximativement égal à 1,61 803/1, qui peut également être exprimé par $\frac{(1+\sqrt{5})}{2}$ ou Φ.

Si la longueur de AC est égale à x et la longueur de CB à 1, nous savons, parce que la droite a été partagée entre extrême et moyenne raison, que le rapport de x à 1 est égal au rapport de x +1 à x.

$$\frac{x}{1} = \frac{1+x}{x}$$

Si l'on se passe de dénominateurs, on obtient $x^2 = x + 1$ ou $x^2 - x - 1 = 0$. C'est une équation du second degré à une variable, dont découlent deux résolutions pour x :

$$\frac{(1+\sqrt{5})}{2} \quad \text{et} \quad \frac{(1-\sqrt{5})}{2}$$

La deuxième valeur de x donne un nombre négatif, dépourvu de signification quand on l'associe à la longueur d'un segment. C'est pourquoi nous n'utiliserons que la solution (ou racine) positive. Et il se trouve que

$$\frac{(1+\sqrt{5})}{2}$$

est égal à 1,6 180 339 887… Autrement dit, au nombre d'or (Φ).

L'algèbre au temps des Grecs n'était en rien semblable à celle que nous connaissons aujourd'hui. Pas plus n'utilisaient-ils les chiffres comme nous le faisons. Toute leur pensée s'appuyait sur une pensée logique composée de mots et de diagrammes abstraits. C'est pourquoi la découverte de l'incommensurable fit plus que perturber la conception pythagoricienne du monde : elle mena le raisonnement mathématique à une vaste impasse. La situation perdura jusqu'à l'époque de Platon, quand les géomètres introduisirent une définition de la proportion capable de prendre en compte les incommensurables. Ce fut notamment le cas des Athéniens Théétète (v. 417–369 av. J.-C.) et Eudoxe (v. 390–340 av. J.-C.), dont l'approche du sujet constitue en fait le Livre V des *Éléments* d'Euclide. Et c'est dans son Livre VI qu'Euclide livre sa définition de la proportion spécifique qui deviendra la « section dorée » :

La ligne AB est partagée en moyenne et extrême raison par C si AB:AC = AC:CB.

Lorsqu'une droite est ainsi partagée, la totalité de la ligne est dans le même rapport à son plus grand segment que son plus grand segment au plus petit.

DOCTRINE DES ÉMANATIONS ET SCIENCE DES NOMBRES

La doctrine mathématique des pythagoriciens englobait l'harmonie, la géométrie, la théorie des nombres et l'astronomie. Aristote (384–322 av. J.-C.) attribuera à Pythagore la conviction que le nombre est le principe suprême. Il écrit ainsi dans sa *Métaphysique* (Livre I, V) :

« Ceux qu'on nomme pythagoriciens s'appliquèrent d'abord aux mathématiques, et firent avancer cette science. Nourris

dans cette étude, ils pensèrent que les principes des mathé-matiques étaient les principes de tous les êtres. Les nombres sont par leur nature antérieurs aux choses ; et les pythago-riciens croyaient apercevoir dans les nombres plutôt que dans le feu, la terre et l'eau, une foule d'analogies avec ce qui est et ce qui se produit. Telle combinaison de nombres, par exemple, leur semblait être la justice, telle autre l'âme et l'intelligence, telle autre l'à-propos ; et ainsi à peu près de tout le reste. Enfin ils voyaient dans les nombres, les combi-naisons de la musique et ses accords. Toutes les choses leur ayant donc paru formées à la ressemblance des nombres, et les nombres étant d'ailleurs antérieurs à toutes choses, ils pensèrent que les éléments des nombres sont les éléments de tous les êtres, et que le ciel dans son ensemble est une harmonie et un nombre. »

Dans la vision du monde qui était celle des géomètres médiévaux, le compas était considéré comme un symbole abstrait de l'œil de Dieu. Ses branches, ou jambes, représentent les rayons de lumière et de grâce célestes adressés à la Terre.

Les principes sous-jacents aux nombres, tels que les identifiait Py-thagore, sont de nature complexe, et les conditions fragmentaires de leur transmission ne facilitent pas leur explication. On peut néan-moins s'accorder sur leur beauté et sur ce que leur doivent bien des concepts intellectuels occidentaux. Une approche élémentaire de ces principes aide à comprendre l'essentiel de la symbolique intemporel-le et magnifique associée au nombre d'or. Par exemple la pentade, qui est la base du pentagramme fondé sur le cinq, l'union des inégaux.

La pensée des pythagoriciens s'exprimait par les mots et les sym-boles, non par les nombres qui n'en irriguaient pas moins, on l'a vu, toute leur réflexion. À leurs yeux, les dix premiers chiffres formaient ainsi la matrice de la totalité des principes cosmiques.

À partir du point, qui est l'essence du cercle, et en utilisant les outils du géomètre – compas, règle plate, crayon –, les « philosophes ma-thématiques » ont créé une série de figures symboliques destinées à refléter leurs conceptions de l'univers.

VESICA PISCIS

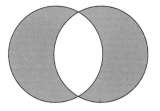

La figure des deux cercles entrelacés revient depuis la nuit des temps dans le dessin de la *vesica piscis*, en latin «vessie de poisson». Elle est devenue le symbole de la religion chrétienne, et le poisson la mandorle du Christ (de l'indien signifiant amande). La *vesica piscis* était connue des premières civilisations d'Asie, d'Afrique et de Mésopotamie.

Rien n'existe, qui n'ait son centre : ils commencèrent donc avec un point autour duquel ils tracèrent un cercle. C'était la représentation du nombre 1. Ils l'appelèrent la monade. Lorsque le cercle se contemple lui-même, il est réfléchi : de ces deux cercles naît la dyade, composée du 1 et de sa réflexion, qui ouvrent la voie à une génération d'autres nombres. Côte à côte les deux cercles se chevauchent de telle manière qu'ils ont le même centre. La forme qu'ils partagent ainsi, en amande (du latin *mandorla*), est appelée *vesica piscis*, la traduction latine de « vessie de poisson ». Euclide définissait la *vesica piscis* comme l'intersection de deux cercles, chaque limite interne de la circonférence d'un cercle passant par le centre de l'autre. Les trois premières figures à émerger de cette *vesica piscis*, comme nous le verrons, sont le triangle, le carré et le pentagone, qui forment les correspondances requises pour engendrer tous les principes numériques à venir. Dans l'ésotérisme chrétien, la *vesica piscis* symbolise la Trinité…

À l'appui de son analyse de la genèse de la cosmogonie pythagoricienne, Diogène Laërce, au IIIe siècle avant notre ère, cite des auteurs plus anciens :

« *Le principe des choses est la monade. De la monade est sortie la dyade, matière indéterminée soumise à la monade, qui est une cause. De la monade parfaite et de la dyade indéterminée sont sortis les nombres ; des nombres les points ; des points les lignes ; des lignes les surfaces ; des surfaces les figures en trois dimensions ; et des figures en trois dimensions tous les corps qui tombent sous les sens, et proviennent de quatre éléments : l'eau, le feu, la terre et l'air. Ces éléments se transforment de façons diverses et créent ainsi le monde qui est animé, spirituel, sphérique, et porte en son milieu la Terre, qui est ronde aussi et habitée sur toute sa surface. Il y a des Antipodes, tout ce qui chez nous est en bas est en haut dans les Antipodes. Il y a sur la Terre de l'ombre et de la* »

lumière par parties égales, et de même du froid et du chaud,
du sec et de l'humide. Quand le chaud l'emporte, c'est l'été.
Quand le froid l'emporte, c'est l'hiver. Quand le sec l'empor-
te, c'est le printemps. Quand l'humide l'emporte, c'est la sai-
son des brumes. La meilleure saison est celle où ces éléments
sont en équilibre. »

MONADE

Le cercle est le « père immuable » de toutes les formes ultérieures. Le terme grec qui qualifie les principes liés au cercle est la monade (de la racine *menein*, « être stable » et de *monas*, « unité »). Les mathématiciens de l'époque évoquent la monade comme La Primordiale, Le Germe, L'Essence, La Conceptrice ou La Fondation. Ils l'appellent aussi L'Unité.

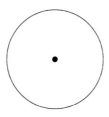

Pour traduire la relation de la monade aux autres nombres, une métaphore arithmétique élémentaire suffit : tout nombre multiplié par 1 reste inchangé (trois fois un égale trois), ce qui est aussi vrai lorsque 1 divise n'importe quel nombre : cinq divisé par un égale cinq. Le Un, en tant que monade, préserve l'identité de tous ceux qu'il rencontre.

Les pythagoriciens pensaient que rien n'existe qui n'ait un centre autour duquel il tourne. Le centre est la source, au-delà de la compréhension ou de la connaissance : à l'exemple d'une graine, le centre est destiné à croître et à trouver son accomplissement en tant que cercle.

L'unité, l'unicité et la source sont les symboles contenus dans la monade.

La roue de la vie tibétaine

La vision d'Ézékiel (1455) par Fra Angelico (1387–1455)

La dyade symbolise les polarités dont l'interaction est à l'origine du monde.

Le barattage de la mer de Lait, peinture indienne du XIXᵉ siècle

L'union de la Haute et de la Basse Égypte est ici symbolisée par deux figures de Hapy, le dieu du Nil.

Quand les philosophes mathématiques ont constaté que 1, autant de fois soit-il multiplié par lui-même, donnait toujours 1, une question importante s'est posée : comment obtenir un autre 1 pour le lui ajouter ? Comment le 1 se fait-il nombre ? Réponse : par la réflexion du 1. Le cercle parvient à une réplique de lui-même sous l'effet de sa propre contemplation. La géométrie développe ce processus à travers la naissance de la ligne qui permet aux centres de se rejoindre.

DYADE

Les philosophes grecs ont baptisé dyade le principe de la « dualité » ou de l'« altérité ». Ils lui associaient l'« audace », suggérant une forme d'intrépidité ou d'impudence dans cette disjonction avec l'entièreté originelle, voire même l'« angoisse » du désir ardent de revenir à l'unité. La dyade ou dualité fut aussi appelée « illusion »… Son principe est la polarité ; elle peut survenir n'importe où et commande notre sensation de séparation des uns avec les autres, séparation avec la nature, séparation avec notre part divine.

Les Grecs ont relevé un paradoxe à propos de la dyade : si elle donne clairement l'impression d'éloigner de l'unité, ses pôles opposés se souviennent de leur source et s'attirent en une tentative de fusion, de retour à cet état d'unité. Ainsi la dyade divise et unit simultanément, repousse et attire, sépare et rassemble.

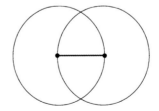

À travers la métaphore mathématique, la dyade apparaît comme la porte entre le Un et le Nombre, entre la monade et tous les autres nombres. Les pythagoriciens voyaient dans la représentation symbolique de la *vesica piscis* un couloir conduisant à l'introspection spirituelle. Du voyage spirituel au passage de la naissance... Sa forme vulvaire la fit longtemps associer à la fertilité et à la féminité divine.

TRIADE

Le un et le deux sont donc les « parents » de tous les autres nombres. La triade – symbole du trois – est alors leur premier-né, l'aîné des nombres. Son expression géométrique, le triangle équilatéral, est la première forme surgie de la *vesica piscis*, la première d'une « nombreuse » série.

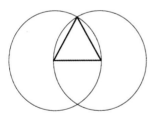

Comparé au cercle, qui contient la plus grande surface dans le plus petit périmètre, le triangle enferme la plus petite surface dans le plus grand périmètre. Il suffit pour le vérifier de joindre les deux extrémités d'une corde.

Par-delà tous les nombres, la triade jouit d'une beauté et d'une équité particulières, d'abord parce qu'elle est la toute première à rendre réelles les potentialités de la monade.

IAMBLIQUE (V. 250–330),
PHILOSOPHE GREC NEOPLATONICIEN

Esprit, corps et conscience ; naissance, vie et mort ; passé, présent, futur : le principe de la Trinité, sous toutes ses formes, traverse les mythes et les religions.

La Sainte Trinité de Andreï Roublev
(v. 1370–1430)

Ils créent, nourrissent et détruisent : Brahmâ, Vishnou et Shiva exécutent la danse cosmique de la Béatitude.

Le dieu égyptien Osiris, assassiné par Seth, offre sa semence divine, source de toute vie, à son épouse Osiris.

Les bâtisseurs savaient tirer profit de la stabilité du triangle, comme le montre ce détail d'une enluminure relatant la construction de la grande église de Berne (Diebold Schilling, XVe siècle).

Le trois se trouve dans une position vraiment unique. C'est le seul nombre à égaler la somme de tous les chiffres qui le précèdent (trois égale deux plus un). C'est le seul nombre qui, ajouté à ceux qui le précèdent, est égal à leur produit : 1 + 2 + 3 = 1 x 2 x 3.

Quand ils évoquent la triade, les philosophes des mathématiques parlent de prudence, de sagesse, de piété, d'amitié, de paix. Sa forme, à leurs yeux, est à elle seule un message de pondération et d'harmonie. Lorsque les centres des deux cercles de la dyade se repoussent, un troisième point, médiateur, vient naturellement prendre sa place au-dessus de leur point d'intersection.

L'archétype de la triade, c'est une relation entre contraires qui les unit et les élève à un nouveau degré d'existence. Il n'y a pas de résolution durable qui soit possible sans la présence de trois éléments, deux pôles opposés et un élément d'équilibre, neutre, facteur d'arbitrage ou de transformation. Savoir choisir ce troisième élément fait toute la différence entre l'achèvement d'un conflit et sa perpétuation.

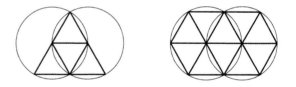

Il est possible d'étendre le triangle au-delà de la *vesica piscis* en prolongeant les lignes par les centres jusqu'à atteindre les limites opposées des cercles. Lorsque ces points sont reliés par une droite horizontale, un triangle plus grand apparaît. Plus les points de contact sont nombreux, plus l'harmonie est manifeste.

Le triangle est l'unique structure polygonale auquel sa géométrie impose la rigidité. Sa force et sa stabilité n'ont d'équivalent en aucune des parties qui le composent, elles-mêmes privées de ces propriétés :

54

disjointes, les trois lignes perdent toute signification. Seuls l'efficience, l'équilibre, la séduction visuelle et le symbolisme du triangle sont de nature à les valoriser.

Le terme « trinité » dérive de « tri-unité » ou « trois en tant qu'un » ; le triangle est le symbole de divinité le plus répandu au monde. Brahmâ, Vishnou et Shiva, les dieux principaux du panthéon hindouiste, sont appelés *trimurti*, en sanscrit « trois formes représentant le tout ».

TÉTRADE

Pour représenter les autres figures jaillies de la *vesica piscis*, une réflexion logique s'impose. Il y a en effet de nombreuses façons d'appréhender l'émergence de la tétrade (*tetra* : quatre)

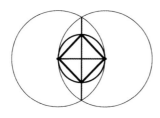

La plus simple et la plus raffinée consiste à tracer une ligne horizontale et une ligne verticale reliant les centres et les points d'intersection de deux cercles. Si l'on dessine un cercle le long d'une ligne joignant les deux centres, on découvrira qu'il renferme en son sein un carré parfait.

On peut considérer une structure tridimensionnelle de quatre manières distinctes : comme autant de points, de lignes, comme une aire ou un volume.

Le quatre est associé à la complétude et à la totalité, aux quatre éléments, aux quatre saisons, aux quatre phases de la vie humaine.

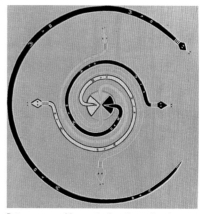

Peinture sur sable navajo dont le quadruple cercle exprime la notion d'intégration.

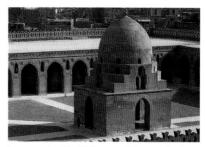

La mosquée d'Ibn Touloun au Caire est alignée dans les quatre directions.

La pentade est symbole de croissance.

Les Grecs ont remarqué que quatre est le premier nombre formé par l'addition et la multiplication de chiffres semblables (4 = 2 + 2 ou 2 x 2). Quatre fut donc considéré comme le premier nombre pair et le premier nombre « femelle ». Pour les pythagoriciens, le carré parfait représentait la justice, car il s'agit du premier nombre divisible de n'importe quelle manière en parties égales (4 = 2 + 2 ou 1 + 1 + 1 + 1).

PENTADE

Depuis le point de la monade en empruntant la ligne de la dyade puis la surface de la triade, un volume en trois dimensions a donc surgi : la tétrade. Nous passons là à la station suivante de l'architecture cosmique, car ce qu'introduit la pentade, c'est le symbole de la vie elle-même.

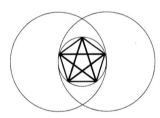

Assimilée à l'étoile à cinq branches, la pentade (*penta* : cinq) se retrouve dans les contextes les plus variés : sur nos mains et nos pieds à cinq doigts, ou dans le monde de l'occultisme, qui en a fait un symbole protecteur gage de puissance et d'invulnérabilité.

La pentade fut vénérée au point que son mode de composition était tenu secret. Les pythagoriciens l'utilisaient comme signe de reconnaissance. Pour avoir étudié ses propriétés dans la géométrie et la nature, ils étaient très au fait de son influence sur la psychologie humaine. Plutôt que de laisser un tel savoir à portée de n'importe qui, ils décidèrent de le cantonner à une transmission orale. Même les guildes d'artisans qui se servirent de son symbolisme pour concevoir les cathédrales gothiques ne lui consacrèrent pas d'écrits. Il faudra attendre 1509 quand Luca Pacioli, le maître de Léonard de Vinci, publia *Divina proportione*, pour que les modalités de son agencement et ses propriétés géométriques uniques soient enfin portées à la connaissance des artistes et des philosophes.

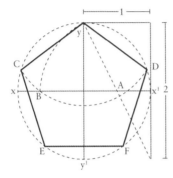

Le hiéroglyphe égyptien évoquant les Enfers utilisait une étoile encerclée à cinq branches : elle évoquait «la matrice du monde d'en bas», cet espace mystique et crépusculaire plongé dans la nuit quand le soleil a disparu derrière l'horizon. C'est une référence symbolique au sommeil spirituel dont les humains doivent à tout prix tenter de se réveiller. Lorsqu'elle n'était pas entourée d'un cercle, l'étoile à cinq branches représentait une voie d'entrée ou un enseignement.

C'est la nature qui, la première, nous a transmis le symbolisme de la pentade et ses liens avec le nombre d'or : sa géométrie prolifère en effet à travers la végétation. Dans les graines, les feuilles et les fleurs, on retombe très souvent sur un rythme de quintuple répétition.

Mais c'est le processus même de la régénération, profondément lié à Φ, que symbolise surtout la pentade. Observons ci-dessous ces étoiles à cinq branches engendrant d'autres étoiles aux formes similaires dans un mouvement de croissance répété à l'infini.

La découverte du pavage de Penrose et des quasi-cristaux (voir chapitre 6) met en lumière la symétrie pentagonale.

La façon dont poussent feuilles et fleurs aide à discerner le principe d'autosimilarité qui caractérise la pentade : la présence du plus petit dans le plus grand.

Monnaie grecque du IVᵉ siècle av. J.-C.

Hygie (déesse de la santé), temple d'Athéna Aléa
à Tégée (350 av. J.-C.)

Les nervures d'une feuille révèlent la trame des branches de l'arbre
tout entier. Chacune des stries de la feuille d'une fougère modèle la
feuille et la plante tout entières. Chaque graine sur une tête de pis-
senlit mime, en miniature, la tête de la fleur. Dans chaque boule de
chou-fleur, nous distinguons le reflet du légume tout entier.

La pentade nous parle peut-être davantage quand on l'associe au
pentagramme, la forme en étoile la plus élémentaire, qu'un seul trait
suffit à tracer. On l'a appelée aussi nœud sans fin, croix du lutin, pen-
talphe, pied de sorcière, étoile du diable ou sceau de Salomon (plus
souvent réservé à l'hexagone étoilé). Francs-maçons et kabbalistes
l'ont aussi baptisée étoile flamboyante. Les symétries quintuples du
pentagramme renvoient au corps humain et à nos cinq sens : la vue,
l'ouïe, l'odorat, le toucher et le goût.

Les plus anciens usages du pentagramme ont été retrouvés sur des
fragments de poteries babyloniennes remontant à 3 500 avant notre
ère. Il figurait parmi les emblèmes du pouvoir royal ou impérial.

Les pythagoriciens considéraient le pentagramme comme un symbole de perfection. Ils baptisèrent ses cinq pointes ou angles des

lettres UGIEIA, combinant EI en une seule lettre. Ce sont les premières lettres des mots grecs qui désignent les éléments :

U :   Hudor   = l'eau
G :   Gaïa   = la terre
I :   Idea   = la forme, l'idée, ou Hieron = objet divin
EI :   Heile   = chaleur du Soleil = le feu
A :   Aer   = l'air

Ces lettres ont formé le mot *hygeia*, dont la traduction littérale
signifie santé mais qui convoie également la notion d'équilibre, de
totalité et de grâce divine. Hygie est la déesse grecque de la santé,
dont le nom était communément gravé sur les amulettes. Coupée en
deux, la pomme, autre symbole de santé, dévoile un pentagramme.

Il est possible que Pythagore ait été initié au symbolisme primitif de
l'étoile à cinq branches lors de ses voyages en Égypte et à Babylone.
Il aurait incorporé au symbole d'autres significations. Les premiers
pentagrammes grecs avaient deux pointes tendues vers le ciel et représentaient la doctrine du Pentemychos, œuvre de Phérécyde de
Syros, maître et ami de Pythagore.

Le Pentemychos fait référence aux cinq alcôves ou cinq chambres –
également connues sous le terme *pentagonas* (cinq angles) –, où les
premières progénitures pré-cosmiques devaient être enfermées afin
que pût apparaître le cosmos ordonné. Quoique toujours verrouillé
après la création du monde, cet endroit singulier continua d'exercer
son influence (Homère le dépeint comme « le dompteur des dieux et
des hommes ») ; il pesa sur les nombreux mythes qui considéraient les
entrailles de la Terre comme une source de sagesse.

Les premiers chrétiens avaient recours au pentagramme pour représenter les cinq plaies du Christ. Ils en firent également un symbole
de vérité. On le regarde aussi parfois comme l'étoile de Bethléem.

Cette célèbre céramique de la période 540–530
av. J.-C. montre Dionysos à bord d'un navire. Elle
dépeint le mythe de l'enlèvement des Titans, qui
régnaient sur la Terre, et leur métamorphose en
dauphins.

Évocation du Christ et de Satan (XVe siècle)

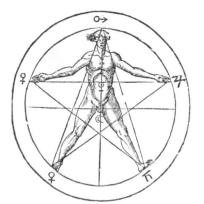

Ce pentagramme tiré du *De occulta philosophia libri tres*, de Heinrich Cornelius Agrippa, philosophe et médecin allemand (1486–1535), illustre la symétrie du corps humain. Agrippa fut l'un des auteurs ésotériques les plus prolifiques de la Renaissance.

Salvador Dali (1904–1989) fit appel pour *La Cène* à la symbolique du pentagramme.

Constantin Iᵉʳ, après qu'il eut obtenu l'aide de l'Église chrétienne dans sa conquête de l'Empire romain, ajouta le pentagramme, associé à une sorte de croix, à son sceau et à ses amulettes.

Il arriva au pentagramme d'être utilisé comme emblème satanique, notamment pendant l'Inquisition. Les inquisiteurs considéraient que tout non-chrétien était un adorateur du diable, aussi le pentagramme trahissait-il nécessairement le culte malin. Son nom de « pied de sorcière » date de cette période de purges et de bûchers.

L'étoile était alors renversée, tête en bas, et le pentagramme censé représenter une face de bouc, confondant en l'espèce Satan avec le dieu gréco-romain Pan. L'association du pentagramme au diable sera renforcée par la diffusion du terme Lucifer – porteur de lumière – pour évoquer Satan.

Le cercle qui entoure le pentagramme renferme et protège son coeur. Ce cercle symbolise l'éternité, l'infinité, les cycles biologiques. Le centre du pentagramme est réservé à un sixième élément, la source de l'amour qui déploie sa puissance à partir du cœur de l'étoile.

Dans le *Faust* de Goethe, le pentagramme empêche Méphistophélès de quitter une pièce.

Méphistophélès :
Je l'avouerai, un petit obstacle m'empêche de sortir :
le pied magique sur votre seuil.

Faust :
Le pentagramme te met en peine ?
Hé ! dis-moi, fils de l'enfer, si cela te
conjure, comment es-tu entré ici ?
Comment un tel esprit s'est-il laissé
attraper ainsi ?

Dans la romance médiévale de Gauvain et du Chevalier vert, un pentagramme, ou pentangle, est gravé en caractères d'or sur le bouclier de Gauvain. Il y figure les cinq vertus chevaleresques : générosité, courtoisie, chasteté, chevalerie, piété.

Un chevalier représenté par une tapisserie du XVe siècle

> « *On lui amena alors l'écu, qui était de gueules éclatants,*
> *Avec le pentangle peint de la couleur pure de l'or.*
> *Il le saisit par le baudrier, et se le passa autour du cou,*
> *Il donnait bel air au guerrier et lui était très seyant.*
> *Ce pourquoi le pentangle était approprié à ce noble prince,*
> *Je m'en vais vous le dire, même si cela doit me retarder :*
> *C'est un signe que Salomon apposa autrefois*
> *Pour, à juste titre, symboliser la loyauté.*
> *C'est en effet une figure qui comporte cinq points*
> *Et chaque ligne s'imbrique dans une autre et s'y relie,*
> *Et toujours reste sans fin ; d'après ce que j'en entends,*
> *En tous lieux les Anglais le dénomment le nœud sans fin.*
> *C'est pourquoi il convient à ce chevalier et à ses armes*
>   *claires ;*
> *Toujours intègres en cinq points, et chaque fois cinq fois,*
> *Gauvain était en effet connu pour sa bonté, et, tel l'or*
>   *purifié,*
> *Vide de toute vilénie, orné de vertus, sur la motte du château ;*
>
> *Aussi ce pentangle nouvellement peint,*
> *Il le portait sur son écu et sur sa cotte,*
> *Comme l'homme le plus intègre dans ses paroles*
> *Et le plus gentil des chevaliers dans son attitude.* »

DÉCADE

Maintenant que les quatre premiers nombres ont surgi, tous les autres peuvent apparaître. Pas à pas, nous voici arrivés à la décade – au nombre dix. Pas à pas, nous allons au-delà des causalités numé-

La décade annonce un nouveau commencement et l'ouverture des possibles.

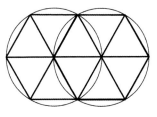

La coupe de l'ADN humain dévoile une décade et ses dix côtés.

riques et des correspondances géométriques ordinaires, pour découvrir avec la décade un nouveau point de départ. Le départ d'un voyage vers l'illimité.

De même que le un et le deux, les premiers mathématiciens ne considéraient pas le dix comme un nombre. Ils y voyaient plutôt un point de ralliement, à la fois métaphore du monde et du paradis. À l'image de nos deux mains, qui ont dix doigts et nous ouvrent ainsi bien des horizons, la décade et sa dizaine englobent tout ce qui est nécessaire à la compréhension de l'univers.

Dans la mesure où dix est égal à 1 x 2 x 5, il procède de l'interaction de la monade, de la dyade et de la pentade. Comme la monade, tout nombre, qu'il soit multiplié par dix ou par un, reste inchangé. Son produit est essentiellement le même, à cette différence près que le nombre est porté à un degré supérieur et devient une version augmentée de lui-même.

Le dix donne au nombre sa pure nature. Tous les Grecs, tous les barbares savaient compter jusqu'à dix. Atteindre dix permet de revenir à l'unité. Et une fois encore, insiste Pythagore, la puissance du 10 est contenue dans le 4, la tétrade ou quaternaire. Voilà pourquoi : si l'on part de l'unité – le 1 – et qu'on additionne les nombres un par un jusqu'à 4, on arrivera inéluctablement au 10 (1 + 2 + 3 + 4 = 10). Et si l'on dépasse la tétrade, on dépassera également le 10.

De sorte que l'unité du nombre réside dans le 10 – mais en puissance au sein du 4 aussi. C'est ainsi que les pythagoriciens avaient l'habitude d'invoquer la tétrade comme leur serment le plus astreignant : « Par celui qui a donné à notre génération le tetraktys, qui recèle la source et la racine de la nature immuable... »

AETIUS, OPINIONS, I.3.8

Les pythagoriciens associèrent également le diagramme issu du te-traktys à leurs recherches musicales. En soumettant à une même tension des cordes de dimensions différentes, Pythagore découvrit la relation entre la longueur d'une corde vibrante et le ton de la note. Le tetraktys contient ces rapports symphoniques qui sous-tendent l'harmonie mathématique de la gamme : 1 :2, l'octave ; 2 :3, la quinte parfaite ; 3 :4, la quarte parfaite.

Ainsi les premiers philosophes ont-ils découvert l'harmonie des nombres, une harmonie reflétée par l'ordonnancement de la nature, des arts, de la science et du son. Harmonie mystérieuse, pour partie incomprise, mais toute de beauté et profondément symbolique.

Ne cherchez pas à suivre les pas des hommes qui vous ont précédés. Cherchez ce qu'ils cherchaient.

MATSUO BASHO (1644–1694), POÈTE JAPONAIS

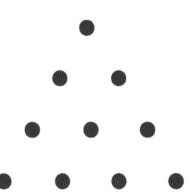

Ces dix cailloux alignés de manière à former un triangle équilatéral composent la pyramidale tétrade, du grec *tetraktys*, quadruple : une puissante métaphore de la relation des nombres à l'univers.

Quatre éléments : la terre, l'eau, l'air, le feu

Trois principes : le sel, le mercure, le soufre

Deux géniteurs : le Soleil, la Lune

Un fruit : l'âme humaine

Ses quatre plans représentent également la densité toujours croissante des quatre éléments (feu, air, eau, terre), ainsi que les nombres : un pour le point, deux pour la ligne, trois pour la surface, quatre pour l'espace tridimensionnel. Les pythagoriciens y ont aussi lu la métaphore de la croissance végétale, de la graine vers la tige, la feuille et le fruit.

Chapitre 3

LA SUITE DE FIBONACCI

*Le véritable voyage de découverte ne
consiste pas à chercher de nouveaux paysages,
mais à avoir de nouveaux yeux.*
MARCEL PROUST (1871–1922)

P our évoquer le nombre d'or, on a d'abord parlé de proportion « divine » parce le terme semblait approprié à son
mystère. Ce nombre est créatif, régénérateur, harmonieux
et, quoique frôlant toujours quelque contrée inconnue, il
n'y parvient jamais…

Depuis les temps les plus reculés, artistes, sculpteurs, musiciens et
peut-être même poètes ont fait de lui l'harmonique pivot de leurs
œuvres ; un jour ou l'autre, il a guidé mathématiciens, physiciens,
botanistes, toutes les corporations d'investigateurs scientifiques en
somme, dans leur exploration de la nature. À chaque fois que le
nombre d'or se manifeste sous une forme nouvelle et merveilleuse,
comme il le fait systématiquement, il nous laisse éblouis. Monte alors
comme un murmure perplexe et fasciné : la nature disposerait-t-elle
vraiment d'un code secret, accessible à la compréhension de l'esprit
humain ?

Ainsi que nous l'avons vu dans le chapitre précédent, les pythagoriciens considéraient les nombres comme l'essence et le principe de

Une table de calcul au frontispice d'un grand
texte populaire du XVIᵉ siècle chinois, le *Suanfa
tongzong* (*Traité systématique des méthodes de
calcul*, Cheng Dawei, 1592).

À GAUCHE : *Takiyuddin dans son observatoire
à Galata*, illustration du XVIᵉ siècle tirée
du *Shahan-shanama* (*Livre du Roi des Rois*),
de Lokman.

Commerçants athéniens au travail

Un jeune homme récite sa leçon devant son maître, qui suit le texte sur un rouleau de papyrus.

toute chose, l'ingrédient fondamental de la naissance de l'univers. Le système qu'ils élaborèrent leur permit de toucher du doigt la relation entre humaine et divine nature, et les convainquit de l'existence, en effet, d'une sorte de code secret. On appelait les disciples de Pythagore les *mathematekoi*, autrement dit « ceux qui étudient tout ». Le mot *mathema* est à la fois la racine du vieil anglais *mathein*, « être averti » et du germanique *munthen*, « réveiller ». En quête des vérités susceptibles d'éclairer la connaissance de l'être, les pythagoriciens comptaient bien, pour appuyer leurs travaux, découvrir autour d'eux la matérialisation visible de ces lois universelles. À la base de leur philosophie, il y avait ce désir de décrire par les nombres l'harmonie sous-jacente d'un univers parfait.

Ce qu'ils cherchaient à travers les nombres ne diffère guère de ce que tant d'hommes, avant et après eux, ont longtemps poursuivi. Observer les principes du monde naturel, concevoir des systèmes artificiels en partant d'abstractions, puis convertir ces principes en pensée mathématique : à ce régime, plus d'un chercheur s'est retrouvé à aborder des terres aussi nouvelles que redoutables.

La recherche – et ses succès – ont souvent été accueillis comme autant d'hérésies. Les démonstrations les plus rigoureuses défiaient parfois les limites de la connaissance acceptable, contraignant la conscience humaine à entériner d'étranges réalités. Les pythagoriciens, épris de vérité plus que quiconque, furent ainsi les premiers stupéfaits lorsque les nombres irrationnels, qui dormaient sous leurs pas assurés, ont soudain surgi devant eux.

Courageusement, cependant, ils relevèrent le défi que leur lançait cette trouvaille inopinée, et jetèrent les bases d'une évolution possible des principes mathématiques. C'est ainsi, dans les années suivant leurs premières investigations, que put se déployer, superbement descriptif, le langage mathématique. Dans le même temps, à mesure que ce langage neuf progressait dans son aptitude à exprimer des principes abstraits, le section dorée, qui devait devenir le nombre d'or, sortait peu à peu de sa coquille. L'Égypte antique avait été la première à s'en servir, mais nous devons sa « redécouverte » ultérieure, sous une forme inattendue, à un jeune habitant de la ville de Pise.

PREMIÈRES MANIFESTATIONS DU NOMBRE D'OR

Alors existe-il vraiment, ce code secret qui anime et habite la nature, la science et l'art ? Ce code auquel les hommes, intuitivement, ne cessent de réagir ? Nous aimerions pouvoir penser ainsi. Et nous aurions peut-être raison. La dimension mystique du monde des premiers jours, dans les vallées du très grand fleuve, était inséparable d'une idée de vaste harmonie. Pythagore avait réussi à la percevoir – assurait-il.

De fait, lorsque nous réfléchissons à la construction des pyramides d'Égypte, elle nous est presque inconcevable. Avec nos calculatrices, nos télescopes, nos microscopes, nos ordinateurs et autres instruments de précision, il nous est difficile d'imaginer que des peuples aussi archaïques ont pu imaginer et créer de toutes pièces ces œuvres monumentales, ces structures si parfaites dans leur alignement, leur envergure et leur ampleur – sans l'aide d'outils aussi parfaits… Incapables de dire à coup sûr comment ils y sont parvenus, nous sommes réduits à l'admiration devant le génie absolu qui a rendu ce travail possible… et nous continuons à chercher un indice à même de nous mettre sur la voie des dispositifs utilisés.

Mais peut-être, après tout, n'avaient-ils pas le moindre outil à leur disposition. Peut-être leurs méthodes de calcul étaient-elles extrêmement lourdes et maladroites. Peut-être avaient-ils seulement pour eux un sens inné de l'équilibre absolu, de l'harmonie idéale. Peut-être comprenaient-ils, plus sûrement que nous, les interactions entre les choses, interactions dont ils étaient conscients d'une manière ki-

Les pyramides de Giseh

La grande pyramide de Kheops est la plus importante de l'ensemble édifié à Giseh. Elle abrite le tombeau du roi Kheops. Sa remarquable beauté tient à sa relation avec le nombre d'or.

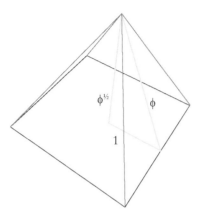

$\phi^{\frac{1}{2}}$ ϕ

1

Ce schéma illustre la relation mathématique qui unit la hauteur de la grande pyramide, son côté et le nombre d'or.

nesthésique. Peut-être étaient-ils pénétrés d'une expérience subtile et personnelle de la « divine proportion » du monde et des innombrables correspondances qui le composent. En tout cas, si jamais ils ont voulu avoir le cœur net d'une théorie dont ils n'étaient pas absolument certains… eh bien, c'est réussi !

La grande pyramide de Kheops était la plus ancienne des Sept Merveilles du monde antique ; elle est aussi la seule à leur avoir survécu. Situé dans les quartiers funéraires de l'ancienne Memphis, qui fait aujourd'hui partie du grand Caire, le monument, dont l'édification a probablement demandé vingt ans, fut bâti pour servir de tombeau au pharaon Kheops (quatrième dynastie), vers 2 500 avant notre ère.

Quand elle a été construite, la grande pyramide mesurait 146 mètres de haut. Elle a depuis perdu quelque neuf mètres, car elle était couverte à son sommet – pour en aplanir la surface – d'un revêtement de pierre qui s'est sévèrement érodé avec le temps.

L'angle d'inclinaison des côtés de la pyramide est de 51 degrés, 51 minutes. Chacune de ses faces est soigneusement orientée vers l'un des points cardinaux, le Nord, le Sud, l'Est et l'Ouest. Sa base est un carré presque parfait de 230,3 mètres de côté. La marge d'erreur entre les côtés est – étonnamment – inférieure à 0,1 %.

Selon l'historien grec Hérodote, la pyramide a été conçue de telle manière que l'aire de chaque face fût égale à la superficie d'un carré dont le côté aurait la hauteur de la pyramide. En d'autres termes, la relation des faces de la pyramide à sa hauteur relève du nombre d'or.

Nul ne peut prouver avec certitude que les architectes de la grande pyramide ont eu recours à ce rapport « divin ». Des ouvrages par brassées ont été publiés qui démontrent ou infirment cette hypothèse. Elle n'est pourtant pas dénuée d'intérêt. À contempler la beauté visuelle de la pyramide, il y a de quoi être quasi certain que la notion

La Grande Pyramide de Kheops

La production de briques à partir de boue
(dessin sur une tombe, Thèbes)

Toutes les représenta-
tions de Kheops initia-
lement présentes dans
le temple ont disparu.
La seule image resca-
pée du souverain in-
humé dans la grande
pyramide est cette
petite statuette décou-
verte sur un autre site.

La structure de la pyramide était composée de quelque deux millions
de blocs de pierres, pesant chacun plus de deux tonnes. On dit que
toutes les pierres formant l'ensemble de Giseh permettraient de
construire un mur haut de trente mètres et épais de trente centimètres, qui ceinturerait la France. La surface couverte par les trois
pyramides pourrait accueillir Saint Pierre de Rome, les cathédrales
de Florence et de Milan, l'abbaye de Westminster et la cathédrale
Saint Paul à Londres… réunies.

*Vingt années ont été consacrées à l'édification de la pyramide elle-
même : chacun de ses côtés mesure huit plèthres (1 plèthre = 29,60
mètres, NdT), comme sa hauteur ; elle est constituée de pierres polies
jointes avec la plus grande précision. Aucune des pierres ne mesure
moins de neuf mètres.*

Hérodote, *Histoire*

69

Paysans jouant aux boules devant une auberge de village (David Teniers le Jeune, 1610–1690)

Allégorie du bon gouvernement: effets du bon gouvernement dans la cité (détail) (Ambrogio Lorenzetti)

Les édiles de Sienne commandèrent cette fresque murale pour décorer la Salle des Neuf de l'hôtel de ville et célébrer les avantages d'un bonne organisation de la cité. Jusqu'à une date très récente, alors, l'univers était considéré comme à la fois infini et plat: non que l'espace y était envisagé comme bidimensionnel, mais toute courbure importante en était exclue.

de proportion a été envisagée par ses créateurs, d'une façon ou d'une autre. D'anciens textes grecs indiquent que les Égyptiens possédaient une compréhension des lois universelles aussi profonde qu'étendue. Le développement de la philosophie occidentale tel qu'il s'est manifesté en Grèce au Vᵉ siècle avant notre ère a été sans aucun doute inspiré par les enseignements venus de la vallée du Nil.

Si les origines du savoir égyptien nous demeurent inconnues, nous savons que l'essor hellène s'appuya sur l'empirique beauté de la pensée logique. Après que la délicate question de l'incommensurabilité eut été posée aux pythagoriciens, la Grèce connut un siècle et demi d'une expansion importante, marquée par les guerres médiques et du Péloponnèse, et la construction du Parthénon. Au cours de cette « époque classique », le pays connut une prospérité culturelle et économique rarement observée dans l'histoire du monde. Il est probable que le juste milieu, ou nombre d'or, commença alors à apparaître dans les réalisations artistiques et architecturales.

L'EUROPE EN SES ÂGES SOMBRES – NAISSANCE DE FIBONACCI

Après la chute définitive de l'Empire romain d'Occident en 476, l'Europe se retrouva plongée pour près de mille ans dans de sombres temps. Les invasions barbares avaient entraîné la constitution de petits royaumes régionaux et morcelés dont les populations, attachées à la terre, dépendaient des seigneurs pour leur protection et leurs droits embryonnaires. L'éphémère « Renaissance carolingienne », œuvre de Charlemagne, ordonna et éclaira quelque peu le IXᵉ siècle, mais les attaques vikings, deux générations plus tard, ramenèrent le continent à d'interminables violences guerrières.

Au XIIᵉ siècle la situation changea. Les villes redevinrent les points d'ancrage de la civilisation et leurs populations augmentèrent régulièrement, accompagnant le développement de l'éducation et un regain d'intérêt pour la science et la philosophie grecques. Les invasions, les migrations et le déclin démographique avaient pris fin. L'Église romaine n'était plus le royaume de Dieu en exil, mais l'institution centrale du pouvoir. Les marchands et banquiers italiens s'avançaient toujours plus loin en Europe et en Afrique du Nord, l'Italie devenait lentement un foyer de puissance et d'autorité, sur le plan économique autant qu'ecclésiastique.

C'est à cette époque que naquit Fibonacci (v. 1170–1240). En posant dans l'un de ses ouvrages une insolite énigme arithmétique, il allait, sans le savoir, contribuer à une meilleure compréhension européenne du nombre d'or.

Mathématicien, il s'appelait en réalité Léonard de Pise. Son père Guglielmo, homme d'affaires et politicien, portait, dit-on, le nom de Bonacci, d'où le surnom de Fibonacci – pour *filius Bonacci*, fils de Bonacci – attribué à Léonard à titre posthume. Mais son nom aurait tout aussi bien pu provenir de sa « bonne nature », car c'est une autre traduction possible du mot *bonacci*. Dans certains manuscrits, il parle aussi en tant que Léonard Bigolli Piseni – *bigollo* signifiant alors quelque chose comme « bon à rien » ou « voyageur ».

Né en Italie, Fibonacci fut élevé en Afrique du Nord, à Bujania – aujourd'hui Bejaïa –, un port du Nord-Est algérien où son père représentait les intérêts des marchands de la République de Pise. C'est à Bujania que Fibonacci apprit les mathématiques avant d'être initié aux neuf chiffres constituant ce qu'on appelait alors le calcul indien.

Nous ignorons si le jeune Fibonacci voyagea très loin, nous ne savons donc pas de quelle manière ni en quel lieu précis il reçut cet enseignement. Le fait est qu'il sembla en assimiler instantanément les infinies possibilités d'application.

Léonard de Pise, connu aujourd'hui sous le nom de Fibonacci

« Quand mon père était notaire au bureau des douanes de la colonie de Bujania pour le compte de l'ordre des marchands de Pise, il me fit venir auprès de lui alors que j'étais encore un enfant. Avec en tête l'utilité future d'une telle formation, il désira que je m'installe et reçoive l'enseignement d'une école de comptabilité. C'est là que je fus initié à l'art du calcul indo-arabe à neuf chiffres, un enseignement remarquable qui me plut au-delà de tout et que j'utilisai dès lors dans mes recherches, que ce soit en Égypte, en Syrie, en Grèce, en Sicile ou en Provence, où je ne cessai d'utiliser ces diverses méthodes de calcul. »

FIBONACCI, *LIBER ABACI*

Fibonacci s'entretenait avec les marchands et apprenait ainsi à comprendre les besoins de ceux qui négociaient dans des bazars tels que celui-ci.

LE CALCUL ARITHMÉTIQUE À L'ÉPOQUE DE FIBONACCI

Le système d'écriture des nombres alors en usage à Pise et dans toute l'Europe occidentale était composé de chiffres romains. Commençant avec des « bâtons » – I, II, III, IIII – les Romains avaient ajouté une demi-douzaine de lettres – V pour 5, X pour 10, L pour 50, C pour 100, D pour 500 et M pour 1000. Par rapport au système imaginé par Euclide, ce système, avec sept symboles à retenir en tout et pour tout, présentait l'avantage de la simplicité. L'addition et la soustraction étaient également relativement faciles à exécuter. Pour la multiplication et la division, il en allait autrement…

Additionner des chiffres romains ne présentait pas de difficulté majeure :

	M	CC	XX	III	(1223)
plus	M	C	X	II	(1112)
égale	MM	CCC	XXX	V	(2335)

Mais certaines additions assez simples à nos yeux se compliquent rapidement, ainsi exprimées :

$$
\begin{array}{r}
CCLCVI \\
+ \quad DCL \\
+ \quad MLXXX \\
+ \quad MDCCCVII \\
\hline
\end{array}
$$

Autrement dit :

```
            266
    +       650
    +      1080
    +      1807
    _____
           3803
```

Le système romain a pu paraître laborieux à ceux qui l'utilisaient, cependant un procédé complémentaire ingénieux existait en parallèle : l'abaque (*abacus*). Cette tablette à calcul permettait d'assigner à chaque nombre une valeur, selon sa position dans une colonne. Le déplacement de jetons permettait de réaliser additions et soustractions. Les Babyloniens, qui employaient un système voisin, l'avaient abandonné pour une raison inconnue. Les Chinois en reprendront le principe avec leur boulier compteur.

Qu'on se serve d'un abaque ou de l'écriture, les calculs exigeant multiplication et division dépendaient, pour leur exécution, de l'addition et de la soustraction. Pour multiplier 24 par 3, 24 était additionné trois fois :

XXIIII
XXIIII
XXIIII

Pour diviser 24 par 3, 3 était soustrait de 24 jusqu'à ce qu'il ne reste rien.

Astronome entouré de son astrolabe et ses deux assistants, l'un tenant un abaque (psautier de Saint-Louis et Blanche de Castille, XIIIᵉ siècle)

Notation en chiffres romains sur un calendrier gravé

XXIIII -III = XXI
XXI – III = XVIII
XVIII – III = XV
XV – III = XII
XII – III = VIIII
VIII – III = VI
VI – III = III
III – III = rien

Ainsi, après un bon moment, il devenait manifeste que trois était contenu huit fois dans vingt-quatre.

L'un des points faibles de l'abaque, c'est qu'il ne gardait aucune mémoire des calculs effectués : le travail disparaissait à mesure qu'il s'accomplissait. Impossible de vérifier l'exactitude d'un calcul, à moins de le recommencer.

Du temps du jeune Fibonacci, la complexité croissante des transactions commerciales exigeait une technique plus sophistiquée. De rares Européens, pour la plupart espagnols, connaissaient l'existence des nombres étrangers, mais il ne s'était trouvé personne pour prendre conscience de leur intérêt. Personne… à l'exception du jeune Léonard, qui venait d'arriver à Bujania, et dont la fascination pour les nombres, alliée à une intelligence perçante, le poussait à se jeter sur tout savoir, quel qu'il fût.

LES AVANCES DU MONDE ARABE

Bujania, au XIIe siècle, était l'un des nombreux carrefours florissants de l'islam. Cinq siècles et demi plus tôt, un caravanier prospère du nom de Mahomet avait prêché un nouveau culte à La Mecque. Cette religion, fondée comme le judaïsme et le christianisme sur l'idée d'un dieu unique, exerça une telle attraction qu'en quelques années La Mecque, déjà point de passage important de

L'ABAQUE

Le mot abaque viendrait du terme hébreu *avaq*, signifiant poussière : l'ingénieux instrument était à l'origine une tablette sau-
poudrée de sable sur laquelle les comptes étaient tracés à la
main puis effacés. Un jour, quelqu'un eut l'idée lumineuse de
dessiner des lignes dans le sable et de diviser la tablette en
colonnes, pour marquer les dizaines, les centaines et les milliers.
Les Romains affinèrent la conception des abaques en inventant
des tablettes creusées de sillons dans lesquels cailloux ou jetons
de toute sorte pouvaient être déplacés sans glisser dans la mau-
vaise colonne. Ils développèrent également, à moins qu'ils ne
l'aient emprunté quelque part, l'abaque portable, une plaquette
métallique sur laquelle étaient enfilées des perles ou des petites
boules.

Dans ce détail d'une sculpture sur marbre du Ier siècle avant
notre ère, l'esclave d'un vieillard moribond se sert d'un abaque
pour vérifier que l'héritage laissé par son maître n'excède pas
sa fortune.

Un comptable romain, sur ce sceau gravé, tient une tablette
d'écriture dans la main gauche pendant que, de la droite, il
configure l'abaque.

Détail d'un vase aztèque découvert au Guatemala : un homme
assis calcule au moyen d'un abaque la valeur d'une taxe collec-
tée sous la forme de fèves de cacao.

Les quatorze siècles d'histoire musulmane ont offert de magnifiques contributions à la science, à la médecine, à la poésie, à l'art et à l'architecture.

A mesure que s'étendait l'islam, il rassemblait sous son égide toujours plus de civilisations différentes.

la route commerciale vers les Indes, devint un lieu de pèlerinage majeur.

Dans leur zèle pieux et passionné pour s'affranchir des tribus qui les opprimaient, les fidèles de Mahomet se métamorphosèrent en guerriers intrépides. Leurs ennemis s'inclineront les uns après les autres et bientôt l'ensemble de la péninsule arabique embrassera l'islam, dont l'influence s'étendra jusqu'à l'Espagne, l'Afrique du Nord et la mer Caspienne.

Marchands et lettrés voyagent alors à tous les vents, rapportant notamment de Chine, par la route de la Soie, le précieux tissu et le secret de la fabrication du papier. Bagdad, comme d'autres métropoles musulmanes, gagne en culture et en prospérité. La diversité des pensées auxquelles les voyageurs sont confrontés au cours de leurs périples déteint sur ces cités qui deviennent les foyers d'une immense curiosité intellectuelle. Alors que la plus grande partie de l'Europe, oublieuse de son héritage hellénistique, plonge dans l'obscurité du Moyen Âge, des érudits tels que Hunayn ibn Ishaq (809–873), chrétien syriaque, entreprennent la traduction en arabe des grands auteurs grecs. En 830, le calife al-Mamoun fonde à Bagdad la Maison de la Sagesse – un temple du savoir. Des délégations spéciales sont envoyées à Constantinople pour recopier des manuscrits grecs aux fins de traduction. On a retrouvé des clauses de restitution de ces manuscrits dans traités de paix arabo-byzantins.

Ainsi, au IXᵉ siècle, quand l'Europe connaît son âge sombre, le monde arabe fait son miel de la lecture des œuvres philosophiques d'Aristote, des travaux astronomiques de Ptolémée, des *Éléments* d'Euclide ou des traités de médecine d'Hippocrate et de Galien. Plusieurs textes dont la version originale grecque a été perdue seront préservés et enrichis pour la postérité par leurs traducteurs arabes. Partis explorer l'Extrême-Orient, c'est d'Inde que les voyageurs arabes rapporteront aussi la découverte qui va illuminer l'imagination de Fibonacci : un système de numération ressuscitant le génie mathématique des anciens, un système qui prend en compte la valeur de position et le zéro…

L'Inde et la Précieuse Invention du Vide

Au fil des siècles qui suivirent la grande percée mathématique des Grecs, pendant que le magistère de l'Europe déclinait irrésistiblement, l'Inde connaissait un épanouissement inspiré, favorisé peut-être par ses contacts avec le monde arabe. Le grand astronome et mathématicien Aryabhata (550), Brahmâgupta (660) et beaucoup d'autres reprirent ainsi l'algèbre là où les Grecs l'avaient laissée.

C'était une algèbre rhétorique : exprimée par des phrases plus que par des équations. Malgré l'absence de symboles définissant les opérateurs (+, −, x ou :), les Indiens maîtrisaient une notion au moins aussi importante : la valeur de position ; autrement dit, la valeur d'un chiffre d'après sa position dans un nombre. Ils avaient imaginé un jeu de symboles numériques, de 1 à 9, distincts de leur alphabet et capables de faire vivre leur système. Mais surtout, ils ont été les premiers à reconnaître la nécessité d'exprimer le zéro et à répartir grâce à lui les symboles numériques dans la colonne leur correspondant. Le signe du 1 ne pouvait avoir d'autre sens que 1. Si on le faisait suivre d'un zéro, il signifiait 10. Flanqué de deux zéros il devenait 100. Les Indiens nommèrent ce symbole *shunya*, « le vide ».

Il fallut plusieurs centaines d'années aux Indiens pour fusionner ces trois concepts – les symboles numériques, la valeur de position et le zéro – mais dès le VIIᵉ siècle, le système était solidement en place. Si l'on en croit la tradition, les chiffres indiens ont été introduits dans le monde arabe par un savant hindou vers 770. Quelque cinquante ans plus tard, un mathématicien musulman nommé Muhammad al-Khwarizmi (780–850), membre de la Maison de la Sagesse de

Notre « zéro » vient de l'arabe *sifr*, qui a également donné le mot chiffre. Zéro n'a rien d'un concept intuitif : il posa de nombreuses difficultés à ses premiers utilisateurs, notamment dans le cas de la division.

Après cinq cents ans d'usage du zéro en Inde, le mathématicien Bhaskara (XIIᵉ siècle) écrit :

> *« Une quantité divisée à partir de zéro devient une fraction dont le dénominateur est zéro. On nomme cette fraction quantité infinie. Cette quantité constituée par ce que zéro divise ne connaît pas d'altération, quoique nombreuses soient les insertions ou extractions qu'elle autorise. C'est ainsi qu'aucun changement ne survient dans la Divinité infinie et immuable lorsque les mondes sont créés ou détruits, bien que de nombreuses catégories d'êtres y soient absorbées ou répandues. »*

Témoignage d'intérêt pour l'histoire classique, ce manuscrit turc du XIIIe siècle représente le poète et politicien athénien Solon (VIIe siècle av. J.-C.) en pleine discussion avec ses élèves.

En 662, un évêque nestorien du nom de Sévère Sebokht, qui vivait à Nisibe sur les rives de l'Euphrate, écrivait :

« J'éviterai de discuter de la science des Indiens… de leur subtiles découvertes astronomiques, plus ingénieuses que celles des Grecs et des Babyloniens, comme de leur méthodes de calcul dont la valeur est indescriptible. Je veux seulement dire que ces calculs s'effectuent au moyen de neuf signes. Si ceux qui croient, parce qu'ils parlent le grec, être arrivés aux limites de la science, lisaient ces textes indiens, ils seraient convaincus, même un peu tard, qu'ils existent d'autres savoirs dignes d'intérêt. »

Bagdad, publiait un traité d'arithmétique qui expliquait la nouvelle notation prenant en compte la valeur de position. Son nom se retrouve – légèrement altéré – dans le terme « algorithme », qui décrit la procédure de résolution graduelle d'un problème mathématique et l'ensemble des règles opératoires y conduisant. Le titre de son ouvrage majeur, *Hisab al-Jabr wa-al Muqabalah* (*Le Livre du calcul de la réparation et du balancement*) est à l'origine de la création du mot « algèbre ».

LE RENDEZ-VOUS DE TOLÈDE

Abu Raihan al-Biruni, géographe et physicien persan du XIe siècle, poursuivit l'exposé du nouveau système de numération décimale dans un commentaire des travaux d'al-Khwarizmi qu'il publia après un voyage en Inde. Exposé parachevé par celui d'un mathématicien peut-être encore plus brillant, mieux connu pourtant comme poète, Omar Khayyam (1048–1131).

Dans le même temps, à mesure que la numération indienne se diffusait dans l'Espagne maure, l'Europe perfectionnait l'abaque d'une façon qui allait rendre les opérations beaucoup plus aisées. La paternité de ce nouvel abaque est toujours objet de débat, mais il est incontestable que la division et la multiplication s'en sont trouvées singulièrement facilitées – et précisées. L'innovation, toutefois, ne parvint pas à dépasser le cadre des curiosités intellectuelles.

Au cours des règnes d'Alphonse VI et d'Alphonse VII de Castille, Tolède faisait figure de centre névralgique ; les érudits venus de toute l'Europe venaient s'y abreuver en nouvelles connaissances scientifiques auprès de la société arabe. Les travaux d'al-Khwarizmi avaient été traduits et y faisaient l'objet d'études, mais pour quelque raison inconnue, ni la numération décimale ni la notion de valeur de position ne franchirent les limites d'étroits cénacles. Les étudiants, pas plus que les commerçants, n'en entendirent parler.

OMAR KHAYYAM

OMAR KHAYYAM (1048–1131)

Traduit littéralement, *al-Khayyam* signifie «artisan et vendeur de tente», ce qui était peut-être l'activité du père d'Omar, Ibrahim. Khayyam jouait sur le sens de son nom quand il écrivait :

Khayyam, qui cousait les tentes de l'intelligence,
A chuté dans la forge du chagrin et s'y est tout d'un coup consumé.
Les ciseaux de la Parque ont tranché le fil de sa vie,
Et le revendeur d'Espoir l'a cédé pour un rien !

Les tribus seljouks, venues de Turquie, envahirent l'Asie mineure au XIe siècle et finirent par fonder un empire qui intégrait la Mésopotamie, la Syrie, la Palestine et la plus grande partie de l'Iran. C'est dans cet empire militaire instable que grandit le jeune Khayyam.

Dans son introduction au *Traité de démonstration des problèmes algébriques*, il dépeint les difficultés rencontrées par les hommes de savoir au cours de cette période :

«J'étais incapable de me dévouer à l'enseignement de l'algèbre et à la concentration soutenue qu'il exige, entravé par les obstacles soulevés par ces temps capricieux ; ainsi avons-nous été privés de tous les hommes de savoir à l'exception de quelques-uns, bien en peine, qui passèrent leur vie, lorsque l'époque s'endormait, à tenter de saisir chaque occasion de se consacrer à l'étude et au perfectionnement de l'intelligence ; car la plupart de ceux qui singent les philosophes confondent l'erreur et la vérité : ils ne savent que duper et s'inventer un savoir, et ignorent comment se servir de ce qu'ils savent sinon pour en faire un usage trivial et matériel. Dussent-ils rencontrer quelqu'un qui cherche le juste et préfère le vrai, quelqu'un qui fait de son mieux pour réfuter le faux et ignorer l'hypocrisie, ils le font passer pour un imbécile et se moquent de lui. »

Khayyam, pourtant, était un mathématicien et un astronome extraordinaire. En dépit des difficultés qu'il décrit, il signa plusieurs ouvrages pendant les – longues – périodes de paix. De ses nombreuses réalisations, il en est une qui témoigne de ses capacités techniques : sa mesure, remarquablement précise, de la durée d'une année, soit 365,242 19 858 156 jours. Nous savons aujourd'hui que la longueur de l'année change, à la sixième décimale, en l'espace d'une vie d'homme. À la fin du XIXe siècle, l'année durait 365,242 196 jours ; aujourd'hui, elle dure 365,242 190 jours.

Alors qu'il avait près de cinquante ans, Khayyam dut endurer les attaques de musulmans orthodoxes qui jugeaient sa curiosité d'esprit peu conforme à la foi religieuse. Il écrivit dans ses célèbres *Quatrains (Roubaïates)* :

Les idoles que j'ai si longtemps adorées
M'ont fait grand tort aux yeux des hommes :
Ont noyé mon honneur
Dans une coupe
Et vendu ma réputation
Pour une chanson.

79

Lorsqu'on effectue des calculs au moyen d'un dispositif mécanique, comme l'abaque, il n'est pas nécessaire d'inscrire les opérations ni d'enregistrer leurs successions. Avec la comptabilité écrite, cela devient obligatoire. Au XVIe siècle, les étudiants transformeront leurs calculs en dessins, à l'image de celui-ci qui évoque un bateau. Cette méthode a été utilisée au IXe siècle par le mathématicien arabe al-Khwarizmi.

FIBONACCI S'EMPARE DU SUJET

Telle était la situation quand Léonard de Pise arriva à Bujania à la fin du XIIe siècle. Bien qu'il ne précise ni où ni dans quelles circonstances il se trouva en contact avec la méthode positionnelle, il est clair qu'il sut en saisir rapidement toute l'importance. Comparée à l'abaque, la numération à l'indienne présentait, pour le commerce, de nombreux avantages. Le jeune mathématicien éprouva certainement une vive excitation lorsqu'il réalisa que les lourdes herses du calcul venaient enfin de se lever devant lui : d'immenses possibilités l'attendaient.

Nous ignorons la durée du séjour de Fibonacci à Bujania. Nous savons en revanche qu'il explora le monde méditerranéen afin d'y recevoir l'enseignement des mathématiciens arabes. Il séjourna plusieurs années à Constantinople, visita l'Égypte, la Syrie, la Sicile, la Provence et regagna Pise vers 1200. Il se lança immédiatement dans l'écriture d'un ouvrage relatant la richesse du nouveau savoir qu'il venait d'acquérir – y contribuant ainsi, à titre personnel, de manière significative.

En 1202, il a 27 ans. Son livre est publié à Pise – c'est-à-dire copié à la main. Il l'intitule *Liber abaci*, « Le Livre du calcul ». Son objectif : présenter en Europe le système indien fondé sur la valeur de position, et en expliquer l'usage. Il propose la méthode non seulement à l'élite savante mais aussi aux commerçants ordinaires. À cette époque les modes de comptabilité écrite, à l'inverse des calculs recourant à l'abaque, étaient connus des Italiens sous le nom d'*abaco*. C'est pourquoi, bien que dérivé du mot abaque, le terme *abaci*, dans le titre de l'ouvrage de Fibonacci, s'applique paradoxalement au calcul sans abaque.

Fibonacci ne cessa pas de nourrir son travail d'informations nouvelles, jusqu'à en publier en 1228 une nouvelle édition.

*« Dans cette rectification j'ai ajouté certains impératifs
et effacé certaines superficialités… »*

C'est cette édition révisée de 1228 qui nous est parvenue.

Les sept premiers chapitres du *Liber abaci* traitent des chiffres proprement dits : ce qu'ils sont et comment s'en servir, en tant que
nombres entiers ou comme fractions. La deuxième partie du livre
dresse l'inventaire des techniques disponibles et de leurs applications arithmétiques à la comptabilité commerciale : le calcul des intérêts, la conversion des poids et mesures ou des différentes devises
circulant autour de la Méditerranée…

Le reste de l'ouvrage est consacré aux mathématiques séquentielles
et proportionnelles, à la résolution de différents problèmes, à l'ex-
traction des racines, à la géométrie et à l'algèbre. *Liber abaci* reçut
un accueil enthousiaste dans toute l'Europe et eut un profond impact sur la pensée du continent, même si la renommée de Fibonacci
auprès de ses contemporains doit davantage à ses applications pratiques qu'à ses théorèmes abstraits.

LA SUITE DE FIBONACCI

C'est néanmoins un problème récréatif présenté dans la troisième
partie du *Liber abaci* qui vaudra à Léonard de Pise de léguer son nom
à une découverte majeure – les nombres de Fibonacci et la suite de
Fibonacci.

*Un homme installe un couple de lapins dans un clapier muré
de tous côtés. Combien obtient-on de couples de lapins en
douze mois si l'on suppose que chaque mois chaque couple
engendre un nouveau couple qui devient productif à partir
du deuxième mois de son existence ?*

Les neuf chiffres indiens sont :

9 8 7 6 5 4 3 2 1.

*Avec ces neuf chiffres,
et le symbole 0, n'importe
quel nombre peut être transcrit,
comme il l'est démontré
ci-dessous.*

PREMIÈRE PHRASE DU
LIBER ABACI DE FIBONACCI

La séquence numérique qui en résulte est la suivante : 1, 1, 2, 3, 5, 8, 13, 21, 34, 55, 89, 144 ... (*Liber abaci* laisse de côté le premier terme). Cette série, dans laquelle chaque nombre est la somme des deux nombres qui le précèdent, stupéfiera les mathématiciens lorsqu'ils s'apercevront de sa relation au juste milieu, notre nombre d'or. De fait, la division de n'importe quel nombre de la suite par son voisin frôle le nombre d'or, la proportion idéale : et plus les fractions de Fibonacci sont avancées dans la séquence, plus elles s'en rapprochent. Mieux encore : comme sous l'effet d'une étrange dynamique intérieure, les termes de la suite reviennent dans de nombreuses équations mathématiques passionnantes, et dans d'autres circonstances non moins étonnantes. Depuis leur première exposition à travers l'exemple célèbre des lapins, les nombres de Fibonacci ont ainsi essaimé dans le règne végétal – agencement des feuilles, dessin des graines – et, curieusement, sur l'arbre généalogique des abeilles. On les retrouve également au hasard des motifs spiralés qui jalonnent le corps humain, comme dans les formes évolutives des coquillages ou des… galaxies.

LE LANGAGE DE LA PASSION

En ce temps-là, l'imprimerie attendait encore d'être inventée. Pour obtenir une copie d'un livre, il n'y avait pas d'autre solution que de le recopier à la main. De tous les travaux de Fibonacci, il ne nous reste ainsi, aujourd'hui, que des copies de *Liber abaci* (1202), *Practica geometriae* (1220), *Flos* (1225) et *Liber quadratorum* (1225). C'est déjà une grande chance que d'en avoir hérité, compte tenu du faible nombre d'exemplaires alors publiés. D'autres textes, nous le savons, ont été perdus. C'est le cas de son livre sur l'arithmétique commerciale, *Di minor guisa*, et de son commentaire sur le Livre X des *Éléments* d'Euclide, qui traitait notamment des nombres irrationnels.

Du vivant de Fibonacci – en 1220 –, Frédéric II de Hohenstaufen fut couronné roi des Germains puis Saint Empereur par le pape Honoré

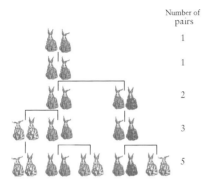

Number of pairs

1

1

2

3

5

Chaque couple de lapins engendre un nouveau couple tous les mois. Et chaque mois, tous les couples continuent à se reproduire. Le nombre des couples recensés à la fin de n'importe quel mois est la somme des deux nombres qui le précédent.

III. L'œuvre de Fibonacci lui vint aux oreilles par les érudits de son entourage qui avaient correspondu avec Léonard depuis son retour à Pise, vers 1200. Parmi ces savants figuraient Michel Scot (également appelé Michaël Scotus), astrologue du souverain, à qui *Liber abaci* est dédicacé, Théodore Physicus, philosophe officiel et Dominique Hispanus, qui organisa une rencontre avec Frédéric II lorsque la cour se réunit à Pise en 1225.

Jean de Palerme, également membre de la cour impériale, posa, comme autant de défis épineux, plusieurs problèmes au mathématicien. Dans *Flos*, Fibonacci en résout trois. À cette occasion il propose une heureuse approximation de la solution de l'équation du troisième degré $x^3 + 2x^2 + 10x = 20$.

Jean de Palerme avait repéré la question dans le livre d'algèbre d'Omar Khayyam, qui y répond en utilisant l'intersection d'un cercle et d'une hyperbole. Fibonacci démontre que la racine de l'équation n'est ni un nombre entier, ni une fraction, et encore moins la racine carrée d'une fraction. Il écrit :

> « *Et parce qu'il était impossible de résoudre cette équation par aucune des méthodes citées ci-dessus, je me suis efforcé de limiter sa résolution à une approximation.* »

Sans pour autant détailler sa recette, Fibonacci propose donc une résolution approximative en notation sexagésimale, soit 1.22.7.42.33.4.40 (ici écrit en base 60, ce qui revient à $1 + 22/60 + 7/60^2 + 42/60^3 + …$). Le résultat, qui converge, en notation décimale, vers 1,3 688 081 075 – avec une précision de neuf décimales – relève de la prouesse intellectuelle.

Arithmetica (Gregor Reisch, 1467–1525)

Boèce (470–525) et Pythagore sont engagés dans une compétition mathématique. Pythagore se sert d'un abaque et Boèce des nombres indo-arabes. Boèce affiche sa fierté car il déjà terminé ses calculs pendant que le pauvre Pythagore est encore en train de chercher la solution.

La Suite de Fibonacci

Voici les dix-neuf premiers nombres de Fibonacci.

Chaque 3ème nombre de Fibonacci est un multiple de 2.

Chaque 4ème nombre de Fibonacci est un multiple de 3.

Chaque 5ème nombre de Fibonacci est un multiple de 5.

Chaque 6ème nombre de Fibonacci est un multiple de 8.

1
1
2
3
5
8
13
21
34
55
89
144
233
377
610
987
1597
2584
4181

On peut dessiner le rectangle d'or, ou rectangle du nombre d'or, en emboîtant les carrés des nombres de Fibonacci les uns à côté des autres.

Nous découvrons que chaque rectangle est constitué de tous les premiers carrés, dont les côtés sont tous, en longueur, des nombres de Fibonacci. Le diagramme montre que la surface de chaque rectangle est le produit des côtés du dernier carré ajouté au carré suivant de la séquence.

$$1^2 + 1^2 = 1 \times 2$$

$$1^2 + 1^2 + 2^2 = 2 \times 3$$

$$1^2 + 1^2 + 2^2 + 3^2 = 3 \times 5$$

$$1^2 + 1^2 + 2^2 + 3^2 + 5^2 = 5 \times 8$$

$$1^2 + 1^2 + 2^2 + 3^2 + 5^2 + 8^2 = 8 \times 13$$

La Suite de Fibonacci et le Nombre d'Or

Si nous observons les nombres de la suite de Fibonacci et étudions les rapports entre les nombres successifs, nous verrons qu'ils approchent le nombre d'or. Souvenez-vous que $\Phi = 1,618\,033\,988\,749\,894\,848\,204\,58683\ldots$

0	
1	
$1/1$	1.000000000000000
$2/1$	2.000000000000000
$3/2$	1.500000000000000
$5/3$	1.666666666666667
$8/5$	1.600000000000000
$13/8$	1.625000000000000
$21/13$	1.615384615384615
$34/21$	1.619047619047619
$55/34$	1.617647058823529
$89/55$	1.618181818181818
$144/89$	1.617977528089888
$233/144$	1.618055555555556
$377/233$	1.618025751072961
$610/377$	1.618037135278515
$987/610$	1.618032786885246
$1,597/987$	1.618034447821682
$2,584/1,597$	1.618033813400125
$4,181/2,587$	1.618034055727554
$6,765/4,181$	1.618033963166707
$10,946/6,765$	1.618033998521803
$17,711/10,946$	1.618033985017358
$28,657/17,711$	1.618033990175597
$46,368/28,657$	1.618033988205325
$75,025/46,368$	1.618033988957902
$121,393/75,025$	1.618033988670443
$196,418/121,393$	1.618033988780243
$317,811/196,478$	1.618033988738303
$514,229/317,811$	1.618033988754323
$832,040/514,229$	1.618033988748204
$1,346,269/832,040$	1.618033988750541

Miniature du XVᵉ siècle d'un manuscrit de Sacrobosco, mathématicien anglais du XIIIᵉ siècle qui joua un rôle important dans la diffusion des nouveaux nombres.

Liber quadratorum, écrit en 1225, est l'œuvre la plus impressionnante de Fibonacci, sinon celle qui lui valut la gloire. Ce « Livre des carrés » est une théorie des nombres qui ausculte, parmi d'autres sujets, les différents moyens de parvenir aux triplets de Pythagore (des nombres entiers satisfaisant à l'équation $a^2 + b^2 = c^2$, par exemple 3, 4, 5).

> *« Ainsi lorsque je veux trouver deux carrés dont l'addition produit elle-même un carré, je choisis n'importe quel nombre impair comme l'un des deux carrés, et je trouve l'autre carré par l'addition de tous les impairs à partir de l'unité, en excluant les carrés impairs. Par exemple, si je choisis 9 comme l'un des deux carrés mentionnés, l'autre carré sera obtenu par l'addition de tous les impairs inférieurs à 9, à savoir 1, 3, 5 et 7, dont la somme, 16, est un carré, lequel ajouté à 9 donne 25, encore un carré. »*

Et à propos des carrés :

> *« J'ai réfléchi à l'origine de tous les nombres carrés, et j'ai découvert qu'ils résultent de la progression régulière des nombres impairs. L'unité est un carré, à partir duquel est produit le premier carré, à savoir 1 ; en ajoutant 3 à ce carré on obtient le second carré, à savoir 4, dont la racine est 2. Si l'on ajoute à cette somme un troisième nombre impair, à savoir 5, on produit le troisième carré, à savoir 9, dont la racine est 3. Ainsi la séquence et la série des carrés croissent-elle toujours par l'addition régulière des nombres impairs. »*

Cela signifie que dans le cas de tout nombre carré n, le carré du nombre suivant peut être calculé au moyen de l'équation $n^2 + (2n+1) = (n+1)^2$.

LA SUITE DE FIBONACCI ET LA PROBABILITÉ

Le jeu de dés et les calculs de probabilités ont de tout temps excité la curiosité des mathématiciens. On raconte que Blaise Pascal et Pierre de Fermat, attablés dans un café parisien, décidèrent de disputer un jeu de hasard au moyen d'une pièce de monnaie ; ils les lançaient en l'air et misaient des points et de l'argent sur le côté où elle retomberait. Mais avant qu'ils aient pu achever la partie, Fermat dut s'absenter. La situation leur inspira un intéressant problème :

Si deux joueurs de talent comparable sont interrompus alors qu'ils se disputent une certaine somme d'argent dans un jeu de hasard, considérant le score de la partie au moment de l'interruption, comment les gains doivent-ils être distribués ?

En 1654, à travers leur correspondance, les deux hommes travaillèrent à leur théorie de la probabilité : une nouvelle discipline mathématique était née. Pascal consacra un temps important à l'étude du triangle, que nous appelons désormais triangle de Pascal ; il est à la base de quelques-unes des propriétés particulières de la probabilité. Pascal l'ignorait, mais les nombres de Fibonacci apparaissent dans son triangle.

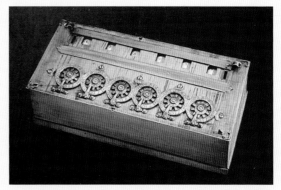

En 1642 Pascal inventa la première machine à ajouter. En 1673, Gottfried Wilhelm von Leibnitz en fabriqua une qui savait également multiplier et diviser. Cent cinquante années auparavant, Léonard de Vinci avait conçu l'idée et dessiné les plans d'une machine de ce type.

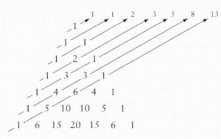

Pour son époque, Fibonacci vouait une passion vraiment exceptionnelle à ces mathématiques pures – les théories qui commandent à toutes les applications ; passion doublée d'un désir sincère de voir la nouvelle numération indo-arabe concrètement adoptée par le monde du commerce. Si admiré fût-il de quelques-uns de ses contemporains, il lui faudra pourtant attendre de nombreuses générations avant de connaître une renommée définitive. Depuis 1228, on n'a retrouvé qu'un seul document qui évoque son nom, un décret de la République de Pise datant de 1240 ; une rente annuelle honoraire y est attribuée au

« sérieux et très instruit maître Leonardo Bigollo »…

La numération positionnelle, son apport le plus important à la civilisation occidentale, rencontra même d'entrée une large opposition. Naturellement réticente au changement et familière des chiffres romains, la population redoutait une manipulation trop facile des nouveaux nombres. On leur reprocha également d'être compliqués à retenir. Pourtant, d'ici au XVe siècle, ils allaient bel et bien se substituer, dans le commerce, à la numération romaine et à l'abaque. Les pièces de monnaie seraient désormais frappées à l'image des nouvelles valeurs, et la numération indo-arabe envahirait almanachs et calendriers, réduisant les chiffres romains au statut secondaire qui n'a jamais cessé, depuis, d'être le leur.

L'invention de l'imprimerie contribuera à la diffusion des applications mathématiques de la nouvelle numération, et à cet éveil scientifique pressenti par Fibonacci. Les mathématiciens européens se remirent à l'algèbre, probablement encouragés par les facilités de calcul qui leur étaient dorénavant offertes. D'extraordinaires avancées marqueront les XVIe et XVIIe siècles, grâce aux Cavalieri, Fermat, Pascal, Descartes, Kepler et Napier bientôt imités, au XVIIIe, par Newton et Leibniz.

Il ne fait aucun doute que Fibonacci était très en avance sur son temps. La mathématique pure ne décollera vraiment que trois cents ans après sa mort. C'est sans doute pourquoi sa contribution historique fut négligée, et si peu de ses travaux traduits. On ne sait avec certitude combien de temps Fibonacci vécut, ni comment s'acheva son existence. Deux rues italiennes portent son nom – le Lungarno Fibonacci à Pise, un quai bordant l'Arno, et la Via Fibonacci à Florence –, uniques hommages publics à sa contribution.

Allégorie de l'arithmétique

Dans cette tapisserie du XVIe siècle, Dame Arithmétique enseigne l'art du calcul à un groupe de jeunes élèves. La manipulation des nombres était familière à la plupart des grands artistes de la Renaissance.

> *La philosophie est écrite dans ce vaste livre qui constam-*
> *ment se tient ouvert devant nos yeux (je veux dire l'Univers),*
> *et on ne peut le comprendre sans avoir d'abord appris à*
> *connaître la langue et à interpréter les caractères dans les-*
> *quels il est écrit. Or il est écrit en langue mathématique, et*
> *ses caractères sont les triangles, les cercles et autres figures*
> *géométriques, sans lesquels il est humainement impossible*
> *d'en comprendre un seul mot ; sans lesquels on erre sans*
> *fin dans un obscur labyrinthe.*

GALILEO GALILEI – GALILÉE – (1564–1642)

Chapitre 4

HARMONIE DES ARTS, DE L'ARCHITECTURE ET DE LA MUSIQUE

Une fois qu'elle a rejoint sa nature organique,
l'œuvre d'art devient éternelle. Comme le
soleil, la lune et les étoiles, les arbres immenses,
les fleurs, l'herbe, elle est et demeure, aussi
longtemps que l'homme, et où qu'il soit.
FRANK LLOYD WRIGHT

Jimson Weed – stramoine – (Georgia O'Keefe, 1887–1986)

L'art est une expérience d'équilibre. Équilibre de chacune des parties qui le constituent, avec le tout. Y voir autre chose, c'est passer à côté de sa composante la plus fondamentale. Une belle peinture, une statue, un monument, la musique, la prose ou la poésie sont organisés et équilibrés avec élégance autour d'une intuition immanente de la proportion.

Il me fallait créer un équivalent au sentiment que m'inspirait ce que je regardais. Et non me contenter de le reproduire.

GEORGIA O'KEEFE

Il est manifeste que l'harmonie particulière au nombre d'or s'est glissée dans la construction des cathédrales gothiques comme dans l'architecture contemporaine grâce aux volumes modulaires de Le Corbusier. La même proportion idéale inspire les tableaux de Léonard de Vinci, d'Albrecht Dürer, de Georges Seurat, les sculptures de Phidias ou de Michel-Ange. La musique a le nombre d'or en son cœur. Et c'est la même proportion qu'on reconnaît dans toutes ces

À GAUCHE : *La Cène* de Léonard de Vinci (1452–1519)

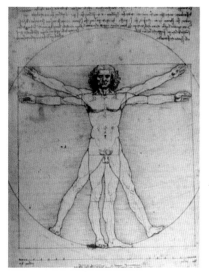

L'homme de Vitruve (Léonard de Vinci)

CORPS HUMAIN ET PROPORTION

Le célèbre dessin de Léonard de Vinci, *L'homme de Vitruve*, apparaît en 1509 dans l'ouvrage *Divina proportione* de Luca Pacioli. Les carnets de Léonard, qui fonda ses recherches sur d'innombrables mesures et observations en tout genre, débordent de réflexions sur les proportions du corps humain. Il évoque dans ses carnets le travail de Vitruve :

Vitruve, l'architecte, affirme dans ses travaux que les dimensions du corps humain ont été réparties par la nature comme suit : ... si vous écartez les jambes de manière à réduire votre hauteur d'1 / 14, et si vous étendez et levez vos bras jusqu'à ce vos doigts médians atteignent le sommet de votre tête, vous devez savoir que le centre de ces membres ainsi déployés est situé au niveau du nombril. De même l'espace séparant les jambes est un triangle équilatéral.

œuvres qui se nourrissent de spirales mystiques, de triangles, de pentagrammes et de rectangles d'or. Une proportion utilisée avec autant de subtilité que d'évidence pour communiquer une idée d'harmonie structurelle, d'équilibre et de divinité. On la décèle dans les dimensions globales d'une oeuvre ou dans les différents éléments qui en composent la totalité. Elle est parfois clairement visible, parfois seulement perçue – ressentie. On peut la respecter *stricto sensu*, comme s'en écarter timidement. Souvent elle surgit d'une volonté consciente de la part de l'artiste, et souvent aussi, il n'en a pas conscience – mais elle est là.

HÉRACLITE (540–480 av. J.-C.), l'un des grands mystiques de la Grèce antique, a écrit : « *Joignez ce qui est complet et ce qui ne l'est pas, ce qui concorde et ce qui discorde, ce qui est en harmonie et ce qui est en désaccord ; une chose naît de toutes choses, et d'une chose naissent toutes choses.* » Un écho au Protagoras de Platon (« *l'homme est la mesure de toutes choses* »). Homme, femme, nous exprimons le balancement parfait de cette divine proportion : nous ne faisons qu'un avec le segment de la merveilleuse droite d'Euclide, proportionnel au tout de la même manière qu'il l'est à l'équilibre de la ligne. Quels que soient le mouvement ou la figure que nous décrivons, ils reflètent notre relation au tout. Notre part la plus éminente, lorsqu'elle a conscience d'être habitée par ce sens infus de la proportion, fait de nous des artistes. Mais si nous lui dénions l'existence, rien de ce que nous produisons ne peut alors avoir de signification durable.

L'HOMME DE VITRUVE

Le pentagramme décrit par la pentade de Pythagore fut le premier à évoquer la relation du nombre d'or au corps humain. Marcus Vitruvius Pollio (Vitruve), un auteur romain, également architecte et ingénieur, entreprit, lui, de l'étudier en détail. Vers 27 avant notre ère, il écrivit *De Architectura*, un ouvrage aujourd'hui connu sous le

MICHEL-ANGE ET LE CORBUSIER

Statue de David par Michel-Ange

De nombreux artistes de la Renaissance ont utilisé le nombre d'or pour concevoir leurs chefs-d'œuvre. C'est ici le cas de Michel-Ange.

MICHEL-ANGE

Michelagniolo di Lodovico Buonarroti Simoni (1475–1564) se lança à treize ans dans la carrière artistique, contre la volonté de son père. Jeune apprenti auprès du peintre Domenico Ghirlandaio, il se fit rapidement connaître comme sculpteur, puis comme poète et architecte. L'étendue de son talent éclate dans ses quatre œuvres majeures : *le Jugement dernier* sur les murs de la chapelle Sixtine au Vatican, *la Pietà* et le dôme de la basilique Saint-Pierre à Rome et la statue de David à Florence. Cette statue vit le jour à partir d'une simple pièce de marbre de Carrare, blanc, dont d'autres sculpteurs n'avaient pas voulu parce qu'ils la trouvaient trop fine. Elle représente David au moment où il est sur le point de tuer Goliath, épisode imprégné de symbolique politique et culturelle. Pour les Florentins, la statue incarnait l'idéal de la République autonome prête à résister à la pression de ses voisins. Cette seule œuvre éleva Michel-Ange au rang de plus grand sculpteur italien.

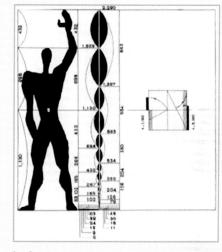

LE CORBUSIER

Le Corbusier imagina un système de proportions dénommé Modulor, qui permettait d'éviter de convertir des pieds ou des pouces en valeurs métriques. Les mesures qui l'intéressaient et qu'il privilégia correspondaient aux proportions d'un corps humain. Le système gagna en sophistication lorsqu'il y intégra la section dorée et la suite de Fibonacci, qu'on retrouve dans la plupart des bâtiments réalisés par Le Corbusier

Le Corbusier (1887–1965) naquit en Suisse sous le nom de Charles-Edouard Jeanneret. À l'âge de 29 ans, il partit pour Paris et adopta le patronyme de son grand-père en guise de pseudonyme. Il était convaincu que l'architecture s'était égarée, aussi consacra-t-il deux mois à étudier le Parthénon et d'autres édifices de l'Antiquité grecque. «*Le Parthénon est certainement l'une des œuvres d'art les plus pures jamais réalisées par l'homme*», déclara-t-il.

Le temple de Poséidon au Cap Sounion, près d'Athènes

nom de « Dix livres d'architecture ». Le traité couvrait une variété phénoménale de sujets : matériaux de construction, édification des temples, bâtiments publics (théâtres, bains), maisons privées, escaliers, décoration en stuc, techniques hydrauliques, horlogerie, machinerie civile et militaire... Ce florilège érudit abondait en exemples grecs, bien que l'architecture romaine ne tardât pas à s'éloigner de son modèle pour répondre aux nouveaux besoins de l'Empire en marche. Vitruve, au contraire, souhaitait préserver la tradition classique dans le dessin des temples et des bâtiments publics. Certains de ses préambules révèlent d'ailleurs une forme de pessimisme quant à l'architecture de son temps. Tout au long de la Renaissance, son livre fera autorité en matière d'architecture classique. Dans le Livre III, il évoque les temples :

DE L'ORDONNANCE DU BÂTIMENT DES TEMPLES, ET DE LEURS PROPORTIONS AVEC LA MESURE DU CORPS HUMAIN

1. *L'ordonnance d'un édifice consiste dans la proportion qui doit être soigneusement observée par les architectes. Or, la proportion dépend du rapport que les Grecs appellent analogie ; car ce rapport est la convenance de mesure qui se trouve entre une certaine partie des membres et le reste de tout le corps de l'ouvrage, par laquelle toutes les proportions sont réglées. Car jamais un bâtiment ne pourra être bien ordonné s'il n'a cette proportion et ce rapport, et si toutes les parties ne sont à l'égard les unes des autres ce que celles du corps d'un homme bien formé sont, étant comparées ensemble.*

2. *Le corps humain a si naturellement et si ordinairement cette proportion, que le visage qui comprend l'espace situé du menton jusqu'au haut du front, où est la racine des cheveux, est la dixième partie de sa totale hauteur. La même longueur est depuis le pli du poignet jusqu'à l'extrémité du doigt qui est au milieu de la main ; toute la tête, qui com-*

94

prend depuis le menton jusqu'au sommet, est la huitième
partie de tout le corps. Il y a depuis le haut de la poitrine jusqu'à la racine des cheveux une sixième partie, et du milieu
de la poitrine jusqu'au sommet une quatrième. La distance
depuis le bas du menton jusqu'au dessous du nez représente
le tiers de la hauteur de la tête elle-même : il y en a autant
depuis le dessous du nez jusqu'aux sourcils, et autant encore
de là jusqu'à la racine des cheveux qui termine le front...
Le pied a la sixième partie de la hauteur du corps, le coude
la quatrième, de même que la poitrine. Les autres membres
ont aussi leurs mesures et leurs proportions ; c'est en les
observant que les plus célèbres peintres et sculpteurs de
l'Antiquité ont acquis une réputation si grande et si durable.

3. Il en est de même des parties d'un édifice sacré : toutes doivent avoir dans leur étendue particulière des proportions qui
soient en harmonie avec la grandeur générale du temple. Le
centre du corps humain est naturellement au nombril. Qu'un
homme, en effet, soit couché sur le dos, les mains et les pieds
étendus, si l'une des branches d'un compas est appuyée sur
le nombril, l'autre, en décrivant une ligne circulaire, touche-
ra les doigts des pieds et des mains. Et de même qu'un cercle
peut être figuré avec le corps ainsi étendu, de même on peut
y trouver un carré : car si on prend la mesure qui se trouve
entre l'extrémité des pieds et le sommet de la tête, et qu'on
la rapporte à celle des bras ouverts, on verra que la largeur
répond à la hauteur, comme dans un carré fait à l'équerre.

4. Si donc la nature a composé le corps de l'homme de manière que les membres répondent dans leurs proportions à sa
configuration entière, ce n'est pas sans raison que les anciens
ont voulu que leurs ouvrages, pour être accomplis, eussent
cette régularité dans les rapports des parties avec le tout.
Aussi, en établissant des règles pour tous leurs ouvrages, se

La cathédrale de Chartres en 1696 (gravure de
Pierre Ganière)

Artémis (frise du Parthénon)

sont-ils principalement attachés à perfectionner celles des temples des dieux, dont les beautés et les défauts restent ordinairement pour toujours.

Ce passage inspira Léonard de Vinci pour dessiner le désormais célèbre *Homme de Vitruve*, où les proportions décrites ci-dessus ont été brillamment respectées. Les deux superpositions de l'homme nu, les bras écartés, décrivent un cercle dont son phallus est le centre, et un carré centré sur son véritable centre de gravité, le nombril. Les jambes sont distendues selon un angle de 60 degrés et les genoux, le pénis et les mamelons partagent sa hauteur en quatre parties égales.

Φ, Phidias et le Nombre d'Or

Phidias, qu'on peut épeler Pheidias (v. 490–430 av. J.-C.) et dont est tiré le nom du symbole Φ, serait l'un des premiers sculpteurs à avoir intentionnellement « activé » la divine proportion. Il est en tout cas universellement reconnu comme le plus grand de tous les sculpteurs grecs.

Aucune de ses œuvres originales n'a survécu, mais l'histoire en a conservé plusieurs copies romaines – d'une inégale fidélité. De nombreux auteurs de l'Antiquité se feront l'écho de l'extrême influence qu'il exerça sur la sculpture de son époque.

Phidias vivait à l'époque des guerres médiques; entre 492 et 449 avant notre ère, une succession de conflits opposa sur leur terre les Grecs à des envahisseurs venus de Perse, qu'ils identifiaient comme des Mèdes. Avant d'être enfin vaincus, les Perses auront le temps d'envahir Athènes à deux reprises et de la piller, contraignant ses habitants à la fuite. À leur retour, temples et maisons n'étaient plus que ruines. Périclès, qui venait d'accéder au pouvoir, convainquit les Athéniens de se lancer dans un vaste chantier de reconstruction; il chargea Phidias, en 447, de diriger le programme. Phidias organisa

L'ACROPOLE

L'ACROPOLE ou « ville haute » d'Athènes fut édifiée sur un site considéré comme sacré dès la fin de l'âge du bronze, autour de 1300 av. J.-C. Les premières traces d'habitat y datent du néolithique. De siècle en siècle, la colline a accueilli les cérémonies religieuses les plus prestigieuses. Trois temples importants y ont été construits sur les ruines de temples plus anciens : le Parthénon, l'Erechthéion et le Temple de Niké, respectivement dédiés à Athéna Parthénos, Athéna Polias et Athéna Apteros Niké. Les Propylées, l'accès monumental qui conduit à la zone sacrée, ont été bâtis à la même époque.

L'Acropole fut reconstruite après la victoire finale d'Athènes sur les Perses. Lorsqu'on y montait, une fois franchis les Propylées, la vue et le chemin étaient barrés par les ruines de l'ancien temple d'Athéna – incendié et dévasté par les envahisseurs au moment où les Grecs avaient consenti, en ultime sacrifice, à abandonner leurs foyers et leurs lieux de culte à l'ennemi (480 av. J.-C.). Ces ruines aidèrent Athènes à justifier sa volonté de dominer le monde grec, puis la transformation de cette domination en souveraineté impériale. Le temple qui devait remplacer le monument détruit ne fut pas érigé au-dessus de l'ancien, comme on aurait pu le penser, mais sur son flanc méridional.

LE PARTHÉNON

Le Parthénon, édifié entre 447 et 438 avant notre ère, était consacré à Athéna Parthénos, déesse protectrice d'Athènes.

Le temple compte huit colonnes doriques sur chacune de ses façades étroites et dix-sept colonnes sur les côtés longs. La fameuse statue d'Athéna par Phidias se dresse dans la partie centrale du temple, entouré d'une frise retraçant les Panathénées, une importante procession religieuse ; la scène s'étend tout au long des quatre côtés du monument, on y retrouve des représentations des dieux, d'animaux sauvages et de quelque 360 hommes et femmes.

LES PROPYLÉES

L'accès au Parthénon se faisait par les Propylées, entrée majestueuse flanquée de deux énormes portiques ; elle était orientée vers ce qui était alors la partie la plus importante de l'Acropole – située un peu plus au Nord que le portique septentrional –, là où grandissait l'olivier d'Athéna (au sein de l'ancien Erechthéion). Après que les Perses eurent réduit le temple en cendres et l'olivier en un moignon fumant, l'Erechthéion fut reconstruit de façon à laisser admirer le jeune arbre replanté, en arrière-plan de sa façade occidentale. Une route menait jadis du temple à l'olivier.

L'ŒUVRE DE PHIDIAS

ATHÉNA PARTHÉNOS

Cette réplique romaine particulièrement massive est tout ce qui demeure de la glorieuse Athéna Parthénos, en or et en ivoire, réalisée par Phidias pour le Parthénon.

La déesse Athéna naquit de Zeus et de sa première épouse, Mêtis, fille d'Océan, célèbre pour sa sagesse (Mêtis signifie littéralement « le conseil, la ruse »). La mythologie assure que Zeus avait été averti que les enfants qu'il aurait avec Mêtis posséderaient de grands pouvoirs et finiraient par le détrôner ; aussi lorsque Mêtis fut près d'accoucher, Zeus l'avala. Pris de violents maux de tête, il fit appel à Héphaïstos, dieu du feu, qui de son maillet lui fendit le crâne ; de la blessure surgit une Athéna déjà tout armée et casquée, poussant son cri de guerre...

Ses attributions divines étaient nombreuses. On la représenta d'abord sous la forme de pierres tombant des cieux, ce qui semble suggérer une origine lunaire ou un lien avec les météores. Elle est connue comme déesse protectrice d'Athènes mais avait la garde des autres cités, des temples lui sont dédiés dans toute la Grèce. Elle était déesse de la Sagesse et de l'Intelligence. La chouette est l'un de ses emblèmes.

Les ruines du temple de Zeus à Olympie (v. 466–456 av. J.-C.). À l'intérieur du temple se dressait la célèbre statue de Zeus réalisée par Phidias.

Hymne à Zeus composé par le poète Cléanthe (IVe/IIIe siècles av. J.-C.) :

Le cosmos tout entier qui se meut autour de la Terre suit le chemin que tu lui traces et t'obéit de bon cœur... Rien en ce monde ne survient où tu ne sois présent, Dieu, rien dans l'éther divin ni dans la mer, sauf ce que leur folie inspire aux hommes de Mal.

Une monnaie d'Alexandrie (v. 315–310 av. J.-C.) : Athéna monte au combat, lance et bouclier en mains.

Frappée à l'époque des guerres médiques, cette pièce représente la chouette sacrée d'Athéna (ou Minerve) et les initiales de la grande cité qui par deux fois s'imposa aux armées perses.

donc, modela, tailla, cisela – il n'est pas exclu qu'il ait conçu lui-même toutes les sculptures du nouveau Parthénon. Les Grecs assuraient que Phidias était le seul à connaître l'image des dieux et qu'il la révélait aux hommes par ses sculptures : les statues d'Athéna et de Zeus en apportaient la preuve irréfutable.

Toute d'ivoire et d'or sur bois, sa splendide Athéna Parthénos, haute de douze mètres, tenait de la main droite une représentation de Niké, personnification ailée de la victoire, de la main gauche une lance et à ses pieds un bouclier où l'on reconnaissait Erichton l'homme-serpent, premier roi d'Athènes, né du viol d'Athéna par Arès. Plusieurs répliques de cette œuvre, grecques ou romaines, ont été identifiées.

Les dernières années de la vie de Phidias restent mystérieuses. Les opposants de Périclès accusèrent l'artiste d'avoir détourné à son profit une partie de l'or de la statue d'Athéna, mais il réussit à se disculper. On l'accusa ensuite d'impiété et le jeta en prison parce qu'il aurait intégré au bouclier d'Athéna des représentations de Périclès et de lui-même. Jusqu'à une date récente, on pensait, sur la foi des récits de Plutarque, qu'il s'y était éteint peu de temps après son incarcération. On pense maintenant qu'il fut exilé en Élide où il travailla sur la statue de Zeus du mont Olympe.

Nous avons malheureusement perdu toute trace de ce Zeus, à l'exception de quelques copies sur des pièces de monnaie qui ne nous indiquent rien de plus qu'une idée de la pose et de l'apparence de la tête divine. Phidias avait placé le démiurge sur un trône, une Niké dans sa main droite et un sceptre dans la gauche. Comme l'Athéna Parthénos, sa chair était d'ivoire et ses draperies d'or. Les auteurs de l'Antiquité estiment que la statue dépassait les treize mètres. Elle est aujourd'hui considérée comme l'une des Sept Merveilles du monde antique.

Zeus siégeant sur son trône, avec l'aigle et le sceptre (monnaie macédonienne)

Profil de Zeus sur une monnaie romaine à l'époque de l'empereur Hadrien (76–138)

Vue orientale depuis l'intérieur du Parthénon

En 1958, des archéologues en fouilles à Olympie mirent à jour l'atelier où Phidias avait assemblé son Zeus. Il restait sur le site quelques tessons de poterie et le socle d'une coupe en bronze gravée d'une inscription : « *J'appartiens à Phidias* ».

LES DIVINES PROPORTIONS DU PARTHÉNON

Le temple en marbre pentélique blanc qui abritait l'Athéna Parthénos est le plus célèbre des édifices composant l'Acropole, l'enceinte sacrée construite au centre d'Athènes sur un tertre rocheux dominant la vieille ville. Le « code » du système de proportion utilisé pour construire le Parthénon a suscité bien des investigations : le découvrir, n'est-ce pas aussi mettre la main sur le grand secret de la beauté et de l'architecture grecques ?

Vitruve, lorsqu'il évoque ses sources, signale qu'Ictinos, l'architecte du Parthénon, détailla dans un livre les proportions du temple. Le texte, jugé important, ne nous est pas parvenu mais nous pouvons présumer que le système dont il est question avait un sens et un intérêt précis. Pour essayer d'entendre ce qu'Ictinos voulait nous dire, il ne nous reste qu'à observer la disposition des pierres du monument, assemblées avec assez de soin pour qu'elles résistent à l'éternité.

Au cours des siècles, le Parthénon a fait l'objet des utilisations les plus variées. Il n'en demeura pas moins plus que présentable, jusqu'au boulet vénitien qui le frappa en 1687. Ce qu'il en subsiste aujourd'hui parvient cependant encore à exprimer l'hommage adressé par Ictinos à la protectrice et âme d'Athènes. La construction originelle est d'une telle cohérence que sa beauté reste perceptible.

Les méthodes de calcul modernes nous permettent de constater que le Parthénon est bâti sur un rectangle dont les côtés ont la longueur de l'irrationnelle $\sqrt{5}$ (racine carrée de 5). Il s'inscrit dans un rectangle d'or, c'est-à-dire que le rapport de la longueur à la hauteur est

Le Nombre d'Or et le Parthénon

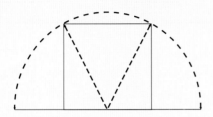

Lorsqu'un carré de côté 1 est inséré dans un cercle comme sur le dessin ci-dessus, et qu'on trace un rectangle, on obtient un rectangle dont les côtés ont pour longueur la racine carrée de 5.

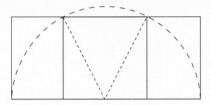

Les petits rectangles sur chacun des côtés du carré sont des rectangles d'or ; quand l'un d'eux est ajouté au carré central, un autre rectangle d'or apparaît. Les deux rectangles d'or et le carré forment un rectangle dont les côtés ont pour longueur la racine carrée de 5.

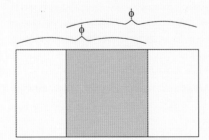

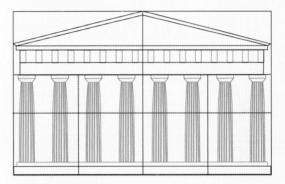

Tant que son fronton triangulaire était intact, les dimensions du Parthénon correspondaient à un rectangle d'or. Son plan au sol est dessiné sur la base d'un rectangle dont les côtés ont pour longueur la racine carrée de 5.

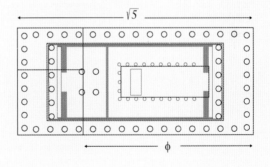

NOTRE-DAME DE PARIS

La façade occidentale de la plus célèbre des cathédrales gothiques abonde en correspondances déterminées par le nombre d'or.

Le dessin original des tours de Notre-Dame comprenait des flèches, mais elles n'ont jamais été intégrées à l'ensemble du monument.

égal au nombre d'or. Il ne s'agit que d'une estimation approximative, car sa partie supérieure manque et aucune de ses lignes n'est une droite parfaite – de quoi compenser l'illusion d'optique suggérant un fléchissement de ses lignes horizontales.

LE TEMPS DES CATHÉDRALES

Les bâtisseurs d'églises médiévales et de cathédrales consacrèrent à leurs chefs d'œuvre une approche fort comparable à celle des Grecs : ils visaient l'harmonie et la grâce. Il n'est donc guère surprenant que ces majestueux espaces s'inscrivent dans un dessein de perfection et de justes proportions qui rappelle l'édification du Parthénon. De quelque côté qu'on les considère, il s'agit de constructions complexes qui reposent sur la section dorée et les autres lois de la proportion.

Notre-Dame de Paris, sur la partie orientale de l'Île de la Cité, est dédiée à Marie, mère du Christ. C'est l'une des plus célèbres cathédrales du Moyen Âge et probablement l'icône emblématique de l'art gothique français. Haute de 33,5 mètres, la première érigée à une échelle littéralement monumentale, elle préfigura les futures cathédrales du Royaume. Le dessin, superbe, de sa façade occidentale respecte les canons du nombre d'or.

À l'endroit où elle se dresse aujourd'hui, les Celtes adoraient jadis leurs dieux et les Romains édifièrent un temple à Jupiter. Suivirent une basilique chrétienne puis une église romane (la cathédrale Saint Étienne, voulue par Childebert en 528). Certains rapports prétendent que deux églises cohabitèrent sur le même site, l'une dédiée à la Vierge, et l'autre à Saint Étienne. En 1163, Maurice de Sully, archevêque de Paris, décida d'offrir une nouvelle cathédrale à sa population en hausse constante, et de la destiner à Marie. Elle sera achevée 180 années plus tard. Construite en des temps d'illettrisme, la cathédrale retrace les grands épisodes de la Bible sur son portail, ses peintures et ses vitraux.

LA CONSTRUCTION DES CATHÉDRALES GOTHIQUES

Pour bâtir des cathédrales, il fallait des pierres de grande qualité capables de résister à l'épreuve du temps. En l'espace de trois siècles, de 1050 à 1350, plusieurs millions de tonnes de pierres ont ainsi été transportées, en France, dans le dessein d'ériger quatre-vingt cathédrales, cinq cents vastes églises et plusieurs dizaines de milliers d'églises paroissiennes. Il y eut davantage de pierre taillée en trois siècles dans le pays qu'à aucune époque de l'histoire égyptienne, et pourtant la grande pyramide aurait mobilisé près de 2,3 millions de blocs de pierre pesant chacun entre deux et trente tonnes.

De l'architecture romane, le gothique se distinguait notamment par une moindre épaisseur des murs de maçonnerie. Les vitraux remplacèrent peu à peu les fresques, avec une même fonction : transmettre un message ou un enseignement à ceux qui ne savaient pas lire.

La tradition raconte que lorsque la première ébauche

L'une des trois rosaces de la cathédrale de Chartres qui datent du XIIIe siècle

de la cathédrale de Cologne sortit de terre, le diable apparut à l'architecte, Gerhard, et le menaça d'interrompre le chantier en faisant jaillir un canal au beau milieu des fondations. Gerhard n'hésita pas à mettre son âme en jeu, car lui seul connaissait le secret de la construction des canaux : il pensait que le Malin serait incapable de mettre sa menace à exécution.

Quand il rentra chez lui, Gerhard aurait confié le secret à son épouse, à qui le diable le soutira ensuite par quelque ruse. Peu de temps après, lorsque maître Gerhard vit l'eau inonder les fondations de la cathédrale, il crut avoir perdu son âme. Il se

jeta dans le vide depuis un échafaudage, poursuivi par Satan déguisé en chien. La légende rappelle qu'après cet épisode personne ne parvint à terminer la construction de la cathédrale. De fait, ses tours demeurèrent inachevées pendant plusieurs siècles (jusqu'en 1880).

Villard de Honnecourt travailla pour l'ordre cistercien, comme architecte, entre 1225 et 1250. On sait peu de choses de ses responsabilités ou de sa contribution à la construction de telle ou telle église précise, mais il a laissé une célèbre collection de dessins. Il semble avoir voyagé d'un site à l'autre pour croquer à sa manière les grands monuments de l'époque et leurs bâtisseurs.

Saint François prêchant aux oiseaux (Giotto,
1267–1337)

Giotto est considéré comme le fondateur de la
peinture occidentale moderne : son œuvre tran-
chait avec l'ornementation byzantine de même
qu'elle introduisait une vision convaincante de
l'espace en trois dimensions. Le poète Dante et
ses contemporains étaient fascinés par l'art de
Giotto, qui savait nourrir ses tableaux d'émotions
humaines. Il annonçait en cela un retour au poi-
gnant réalisme de la tradition classique grecque.

La vision copernicienne du système solaire,
le Soleil en son centre

LA RENAISSANCE

La fin du XIIᵉ siècle, en Italie, coïncide avec le surgissement de ce
qu'on appellera l'humanisme : un courant philosophique largement
inspiré des actes et écrits de Saint François d'Assise, qui séjourna
parmi les pauvres, célébra la dimension spirituelle de la nature et
rejeta la rigidité formelle de la théologie chrétienne. La curiosité
d'esprits tels que Dante ou Pétrarque, le travail d'artistes comme
Giotto, tous conscients de l'importance de l'expérience intérieure,
ont ouvert la voie à cette « renaissance » littérale de la culture classique. La chute de Constantinople en 1453 donna à l'humanisme
une impulsion décisive, car de nombreux savants et intellectuels
s'enfuirent alors vers l'Italie, emportant avec eux quantités d'ouvrages importants et de manuscrits savants, à commencer par l'héritage grec.

L'humanisme n'était pas d'un seul bloc : d'abord il a pris la nature
humaine pour sujet, et mis l'accent sur la dignité individuelle. En
rupture avec l'idéal médiéval qui faisait d'une vie de pénitence la plus
haute et la plus noble activité humaine, les humanistes attendaient
avec impatience la renaissance d'une sagesse spirituelle jusqu'alors
laissée en déshérence. Le nouveau courant contribua à alléger les
structures mentales imposées par l'orthodoxie religieuse, à libérer
les interrogations, la critique, à inspirer une nouvelle confiance dans
la pensée humaine et les œuvres d'art.

La Renaissance couvre, peu ou prou, la période qui va de 1450 à
1600 ; elle correspond à la fois au déclin du système féodal, à la
découverte des nouveaux continents, au remplacement du système
astronomique de Ptolémée par celui de Copernic et à l'invention de
l'imprimerie. Pour les savants et les penseurs de l'époque, cependant, il s'agissait surtout d'un âge de régénération de l'enseignement
et de la sagesse classiques après une trop longue phase de décadence
et de stagnation culturelles.

C'est la peinture qui a le mieux traduit l'esprit de la Renaissance. L'art était considéré comme une catégorie de la connaissance digne de valeur en tant que telle, capable de représenter Dieu et ses créations aussi bien que l'homme dans l'univers, à sa juste place. Grâce à des génies de la carrure de Léonard de Vinci, l'art ainsi se fit science lui-même, mode d'exploration de la nature, inventaire des nouvelles découvertes. Dans les œuvres des peintres – Masaccio, Fra Angelico, Botticelli, Le Pérugin, Piero della Francesca, Raphaël, Le Titien… –, des sculpteurs – Pisano, Donatello, Verrocchio, Ghiberti, Michel-Ange… – ou des architectes – Alberti, Brunelleschi, Palladio… –, la dignité humaine trouva à s'exprimer de manière tout aussi artistique que mathématique, pénétrée des principes antiques qui régissent l'équilibre, l'harmonie et la perspective.

LUCA PACIOLI ET LA *DIVINA PROPORTIONE*

Luca Pacioli (1445–1514), parfois appelé « Paciolo », fut l'une des grandes figures de la Renaissance – et l'une des moins connues. Né à Borgo San Sepolcro en Toscane dans une famille pauvre, il ne semblait guère promis à un avenir radieux. Après un séjour dans un monastère franciscain, il travailla auprès d'un commerçant de sa région mais une passion de plus en plus dévorante pour les mathématiques lui fit renoncer brutalement à cet apprentissage au profit de sa discipline préférée. Ami de l'artiste Piero della Francesca (également né à Borgo), l'un des premiers à avoir exploré et conceptualisé l'art de la perspective, Luca l'accompagna à Venise où il put avoir accès à la bibliothèque de Frédéric, comte d'Urbino. Cette collection de quatre mille ouvrages permit au jeune Pacioli d'approfondir sa connaissance des mathématiques et d'écrire son premier livre, consacré à l'arithmétique. Il quitta ensuite Venise pour Rome où il logea plusieurs mois dans la demeure de Léon Baptiste Alberti, alors fonctionnaire pontifical. Grâce aux contacts et recommandations que lui fournit Alberti, Pacioli étudia la théologie et devint « frère mineur » parmi les moines franciscains.

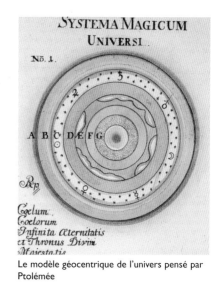

Le modèle géocentrique de l'univers pensé par Ptolémée

Luca Pacioli est le personnage central de ce tableau de Jacopo de Barbari (v. 1440–1515), qui résume l'étroite connexion unissant art et mathématiques pendant la Renaissance.

Section Dorée, Mode d'Emploi

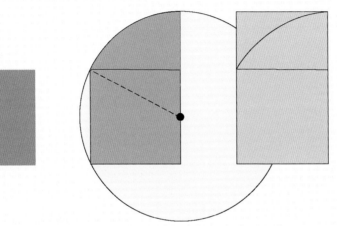

Construction d'un Rectangle d'Or

Phase un

Dessiner un carré.

Phase deux

Utilisant comme rayon, à l'aide d'un compas, une droite tirée entre le point médian d'un des côtés et l'un des deux angles opposés, dessiner un arc de cercle qui déterminera les longueurs du nouveau rectangle.

Phase trois

En rabattant l'arc de cercle sur la droite passant par le côté du carré, compléter le rectangle.

Phase quatre

Cette proportion est reconnue depuis l'Antiquité comme la section dorée, ou rectangle d'or.

UTILISATION DE LA SECTION DORÉE POUR ORGANISER UNE TOILE SELON SON MOTIF ET SA FORME

Le processus de création artistique, en peinture, prend en compte de nombreux éléments. Afin de parvenir à un équilibre entre couleur, mouvement et sujet, les points ou les formes exigeant une attention particulière sont mis en relation avec d'autres points-clés. Seul l'artiste saurait dire s'il agit en fonction de son sens inné de l'harmonie ou d'après un calcul particulier. Pour apprécier le résultat final et la dynamique de l'ensemble, l'observateur peut lui superposer des figures fidèles au nombre d'or.

Un géomètre, représenté par un artiste du Moyen Âge

Salomon et Absalon sur l'Île du paradis, peinture du sultan perse Ibrahim Mirza

Autoportrait de Rembrandt (1606–1669)

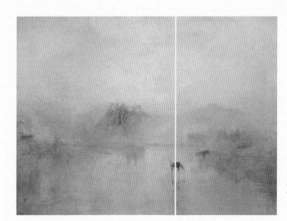

Le château de Norham, soleil levant (J. M. W. Turner, 1775–1851)

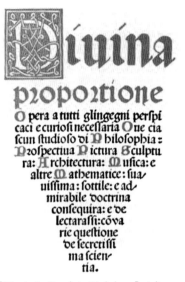

Divina proportione, le traité de Luca Pacioli, repose en grande partie sur l'œuvre de Piero della Francesca. Le livre vaut également pour ses illustrations des solides réguliers, dessinés par Léonard de Vinci lorsqu'il travaillait avec Pacioli.

Sur ce timbre italien de 1994, Luca Pacioli est représenté dans une pose voisine de celle qu'il adoptait devant le pinceau de Jacopo de Barbari.

Il passa son temps à voyager et à enseigner, écrivant deux ouvrages supplémentaires avant de s'attaquer au premier de ceux qui l'ont rendu célèbre, *Summa de arithmetica, geometria, proportioni et proportionalita*, une recension de toutes les mathématiques connues à l'époque.

Ludovic Sforza, alors régent du duché de Milan, souhaitait faire de sa cour la plus raffinée d'Europe, aussi invita-t-il Léonard de Vinci à le rejoindre comme peintre et ingénieur officiel. Devenu duc, Ludovic proposa ensuite à Luca Pacioli d'enseigner les mathématiques, une promotion peut-être encouragée par Léonard lui-même, avide de connaissances supplémentaires en la matière. Dès lors, Léonard et Luca se lièrent d'amitié, multipliant les discussions sur l'art et les mathématiques, gagnant l'un et l'autre à cet échange. C'est à cette époque que Pacioli commença à travailler sur le second de ses deux ouvrages majeurs, *Divina proportione*, dont Léonard réalisa les dessins. *Divina proportione*, qui se présentait sans ambiguïté comme une étude du nombre d'or, était composé de trois livres. Dans le premier, Pacioli examinait les théorèmes d'Euclide ainsi que les polygones réguliers et semi-réguliers. Le Livre II discutait de l'importance du nombre d'or dans l'architecture et le troisième reprenait en italien un texte latin de Piero della Francesca consacré aux solides réguliers.

Dans le même temps, Louis XII montait sur le trône de France et, au titre de descendant du premier duc de Milan, faisait valoir ses droits sur le duché. En juillet 1499, les armées françaises entraient dans Milan. Elles captureront Sforza un an plus tard. Pacioli et Léonard, de leur côté, s'étaient enfuis à Mantoue, invités par Isabelle d'Este, avant de rejoindre Venise. De Venise ils repartirent vers Florence où ils partagèrent une maison pendant un moment. Pacioli consacra le reste de son existence à l'enseignement et aux conversations mathématiques jusqu'à sa mort, en 1514, à près de 70 ans.

Dans sa biographie de Piero della Francesca, écrite en 1550, Giorgio Vasari accusera Pacioli de plagiat. Il y dénonce notamment le « vol » des travaux de Piero sur la perspective, l'arithmétique et la géométrie. L'accusation était *a priori* infondée, car même si Luca s'appuyait largement sur les recherches effectuées par ses pairs ou prédécesseurs, et ne créait rien de proprement original, il n'essaya jamais de s'approprier l'œuvre des autres.

Dans *Divina proportione*, Pacioli attribue cinq vertus divines au nombre d'or ; l'unité ou l'unicité, la trinité, l'impossibilité d'être défini en termes humains, et l'immutabilité. La cinquième vertu, il l'expose en ces termes :

> « A l'imitation de Dieu qui insuffle la vie au cosmos à travers la cinquième essence et aux quatre éléments terrestres et à toute chose vivante de la nature, notre nombre d'or souffle la vie au dodécaèdre. »

Le *dodécaèdre* est l'un des cinq solides réguliers décrits par Platon, qui y lisait une représentation du cosmos. Il est constitué de douze pentagones. Léonard de Vinci l'a dessiné dans le livre de Pacioli, comme on peut le voir ci-contre.

Trois artistes importants ont exercé une influence considérable sur Pacioli : Léon Baptiste Alberti (1404–1472), Piero della Francesca (v.1422–1492) et Léonard de Vinci (1452–1519). Ils avaient tous étudié l'ingénierie, les mathématiques, les sciences, l'architecture. Tous, ils se sont mesurés à la même gageure : comment peindre des scènes réalistes et tridimensionnelles sur des toiles en deux dimensions... Les efforts et l'inventivité déployés afin de répondre à la question leur vaudront un respect unanime ; leur raisonnement était simple : si une scène arrivait jusqu'à eux à travers la surface plane d'une fenêtre, ils devaient être capables de la représenter sur la toile. Ils développèrent en ce sens diverses techniques tout à fait efficaces.

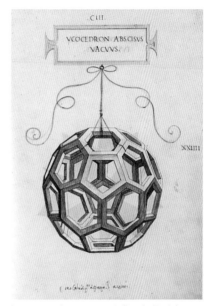

Le premier dessin imprimé d'un dodécaèdre est l'œuvre de Léonard de Vinci.

LES INSPIRATEURS DE PACIOLI

Flagellation du Christ (Piero della Francesca, 1422–1492)

PIERO DELLA FRANCESCA est aujourd'hui considéré comme l'un des grands peintres de la Renaissance, bien que sa peinture ait eu peu d'impact sur ses contemporains. Issu d'une famille de commerçants aisés, il était aussi connu pour ses talents mathématiques ; ses écrits sur la perspective accrurent encore sa notoriété. En 1497, peu de temps après sa mort, Pacioli le décrivit comme « le souverain-peintre et architecte de notre temps ». Deux générations plus tard, Giorgio Vasari lui tressa des couronnes d'éloges.

Trois des ouvrages qu'il publia ont survécu. On les connaît sous les titres suivants : *Traité de l'abaque* (*Trattato d'abaco*), *Des cinq corps réguliers* (*Libellus de quinque corporibus regularibus*), *De la perspective en peinture* (*De prospectiva pingendi*).

De la perspective en peinture est l'un des premiers ouvrages de son temps à traiter des mathématiques de la perspective. Piero voulait y démontrer l'ancrage de ses techniques dans la science optique : il avait conçu le livre comme un manuel d'apprentissage pictural de la perspective, illustré par de nombreux dessins et schémas dont il n'était malheureusement pas lui-même l'auteur.

Pendant la Renaissance, aucun des travaux mathématiques de Piero della Francesca ne fut publié sous son véritable nom, mais ils auraient largement circulé sous une forme manuscrite. La façon dont d'autres artistes, à commencer par Pacioli, les ont incorporés à leurs propres recherches atteste de leur influence : *Divina proportione* en est fortement inspiré.

LÉON BAPTISTE ALBERTI (1404–1472), à la fois architecte, humaniste, antiquaire, mathématicien, astrologue, théoricien et historien d'art, personnifiait l'« homme universel » des débuts de la Renaissance. Son important traité intitulé *La peinture* (*Della pittura*, 1436) fut le premier manuel moderne destiné aux peintres. Il circula longtemps sous forme manuscrite avant d'être imprimé bien plus tard.

« Aucun doute là-dessus : celui qui n'entend pas à la perfection ce qu'il est en train d'entreprendre quand il peint ne sera jamais un bon peintre. Son arc est tendu en vain s'il n'a pas de cible où diriger sa flèche. Rien ne me plaît davantage que l'investigation mathématique et les démonstrations, surtout lorsque je peux en tirer d'utiles applica-

Mélancolie (Albrecht Dürer, 1471–1528)

Mélancolie, l'une de ses gravures sur bois, intègre en haut à droite un carré magique, ainsi que les solides géométriques et les rayons du soleil, qui créent tous un effet de ressaut.

> *... la géométrie est le véritable pilier de toute peinture.*
>
> ALBRECHT DÜRER

Instrument inventé par Dürer pour dessiner les proportions

Dürer réalisa différentes expérimentations optiques et étudia la nature avec assiduité. Il est considéré comme le plus grand artiste allemand de la Renaissance.

tions en faisant dériver des mathématiques les principes de la perspective picturale et de singulières propositions sur la disposition des masses. »

En 1457, alors que l'Allemand Johann Gutenberg venait d'inventer l'imprimerie, Alberti mit au point un système permettant de tracer des perspectives naturelles, ainsi qu'une méthode de reproduction à grande échelle d'objets de petite dimension.

À l'automne 1506, Dürer chevaucha de Venise à Bologne, où habitait Luca Pacioli, afin d'être initié aux mystères de la « perspective secrète ».

Léonard de Vinci (gravure de Giorgio Vasari,
1511–1574)

La Joconde (Mona Lisa)

Léonard de Vinci

LÉONARD DE VINCI personnifie à lui seul la Renaissance et son idéal humaniste. *La Cène* et *La Joconde* sont parmi les œuvres les plus aimées de l'époque, et ses carnets trahissent un esprit d'une rare curiosité scientifique, une inventivité qui possédait des siècles d'avance sur son temps.

Ses parents n'étaient pas mariés lorsqu'il vit le jour. Son père était notaire et propriétaire terrien, sa mère une jeune paysanne qui se remaria cinq ans plus tard. Léonard grandit dans la famille de son père, traité en fils légitime et recevant l'éducation normale d'un garçon de son époque.

Ses inclinations créatives durent être certainement précoces car, dès 15 ans, son père le plaça en apprentissage chez Andrea del Verrocchio, orfèvre, peintre et sculpteur. À 20 ans, grâce à son maître, Léonard avait déjà son nom dans le « Livre rouge » de la plus célèbre guilde des artistes peintres et docteurs en médecine florentins. Il demeura dans l'atelier de Verrocchio cinq ans de plus, puis s'établit à son compte les dix années suivantes. C'est alors qu'il gagna Milan pour servir le duc Sforza. Un départ surprenant, car il venait juste de recevoir de sa cité natale, Florence, ses premières rétributions substantielles en paiement de deux travaux qui ne furent jamais achevés. Il est cependant probable qu'il avait d'autres raisons de quitter la Toscane – attiré par les flamboyances de la cour lombarde et les projets importants qui l'y attendaient.

Léonard vivra dix-sept ans en Lombardie, jusqu'à la chute de Ludovic en 1499, et n'y manqua jamais de commandes, tour à tour peintre, sculpteur ou ordonnateur des fêtes et spectacles ducaux. Il intervint également à titre de conseiller technique pour des questions architecturales ou militaires, s'occupa de fortifications, d'ingénierie hydraulique, échafauda des machines de théâtre…

Sa période milanaise nous a laissé six tableaux, parmi lesquels *La Cène* et *La Vierge aux Rochers*. Il s'attela aussi alors à un projet sculptural grandiose qui explique peut-être à lui seul la raison de son installation à Milan : un monumental bronze équestre en l'honneur de François Sforza, fondateur de la dynastie Sforza. Léonard consacra douze ans à cette entreprise ; en 1493, le moule en argile, qui mesurait près de cinq mètres de haut, était présenté au public et destiné à être coulé quand la menace de guerre interrompit l'opération : les soixante-dix tonnes de bronze prévues pour la statue furent *presto* « réorientées » vers la fabrication de nouveaux canons. Le projet ne sera jamais achevé et les Français détruiront la statue d'argile.

À son retour à Florence avec Pacioli, Léonard est reçu comme un prince. Architecte militaire et ingénieur général, il voyage beaucoup pour superviser les différents travaux en cours avant de se replonger dans d'intenses investigations scientifiques. Afin d'élargir sa compréhension de la structure et du fonctionnement du corps humain, il conduit des dissections à l'hôpital. Il observe également le vol des oiseaux, étudie les propriétés de l'air et de l'eau… Plus il avance dans ses recherches, plus il se convainc que la force et le mouvement opèrent de concert avec une série de lois harmonieuses et ordonnées.

À 65 ans Léonard s'installe en France où il passera ses trois dernières années, dans une petite maison des bords de Loire proche du château d'Amboise : il a été nommé Premier peintre, architecte et mécanicien du roi François 1er. Il consacre le soir de sa vie à l'achèvement et à l'édition de ses travaux scientifiques, à un traité de peinture et à un autre d'anatomie.

MUSIQUE DES PROPORTIONS

Les artistes de la Renaissance s'intéressèrent spontanément aux mathématiques, à la géométrie et aux lois de la proportion. Ils n'étaient

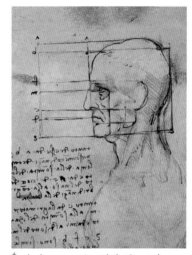

Étude des proportions de la tête et du corps

Coupe transversale des branches d'un arbre

peut-être pas musiciens, mais ils ne pouvaient ignorer la manière si subtile dont la notion de proportion habite l'acoustique et plus encore la musique.

Dans ses *Dix livres d'architecture*, Vitruve décrit la proportion d'une figure géométrique, d'une gamme musicale ou *a fortiori* d'une suite mathématique comme « *une relation harmonieuse entre les parties, avec le tout et en son sein* ».

Il continue en suggérant que la beauté n'est autre que cet accord, qu'il qualifie même de « certaine conspiration », entre les différentes parties du tout. Un accord fidèle aux « principaux canons de la nature ».

Bès, le dieu nain égyptien, jouait de la harpe et aidait les mères à enfanter.

> « *C'est cette imitation de la nature que les grands anciens se sont toujours imposée, considérée comme le plus grand artiste en tout domaine.* »

Au regard de Vitruve, la loi naturelle était quelque chose de parfaitement précis, c'est pourquoi il s'attacha à produire une explication du mode opératoire de la nature, dans notre monde de formes et de figures, et à y appliquer les lois de la proportion. Les génies de la musique, selon lui, avaient mieux que quiconque assimilé ces principes directeurs.

> « *Il n'y a pas de meilleur terrain, pour observer ces lois de la proportion, que la nature quand elle s'offre à nous dans sa dimension la plus parfaite et la plus admirable* »,

écrit-il en substance. Et il s'assure littéralement convaincu du

> « *dire de Pythagore, qui est que la nature est en tout et partout semblable à elle-même, et ne varie point : car ainsi va la chose, considéré que les nombres causant que la concor-*

114

dance des voix se rende agréable aux oreilles, ceux-là sans
autres font aussi que les yeux et l'entendement se remplissent
de volupté merveilleuse. »

Et d'en conclure que nous ferions bien d'emprunter toutes les règles
définissant la proportion aux musiciens qui seraient, en l'espèce,
« les plus grands maîtres ».

Cette idée d'une perfection naturelle applicable à l'art et à la musique – pour ce qui relève de la proportion –, s'inscrit dans une tradition philosophique remontant à la Grèce classique.

L'histoire témoigne de l'effet d'entraînement de la musique sur les
peuples. Ses vertus euphorisantes ont été reconnues par toutes les
cultures, pour être, selon les époques, exploitées ou sévèrement re-
foulées.

Barde grec et sa lyre

En Inde, la musique accompagna très tôt les rituels sacrés ; les chants
védiques figurent parmi les plus anciennes expressions religieuses
connues. Si l'art musical s'est dirigé au fil des siècles vers toujours
plus de complexité rythmique et mélodique, un texte sacré ou un
récit directeur en ont toujours déterminé la trame. La musique chinoise était également, par tradition, associée aux cérémonies. Confucius (551–479 av. J.-C.) lui assignait une place primordiale au service d'un univers bien ordonné. Il considérait que nul n'est préparé à
gouverner s'il ne connaît la musique, laquelle, d'après lui, révèle les
personnalités à travers six émotions spécifiques : le chagrin, la satis-
faction, la joie, la colère, la piété et l'amour ; la grande musique est
en harmonie avec l'univers, elle restaure, par l'harmonie, sa cohérence au monde physique. La musique, comme un miroir de l'âme,
décourage les faux-semblants et la duplicité.

Nous savons également que la musique jouait un rôle important
dans la vie des Grecs. En revanche nous n'avons aucune idée de ce

Miniature médiévale (Espagne ou Maroc, XIIIe siècle) retraçant l'histoire de Bayad et Ryiad: *« Bayad chantant et jouant du luth devant la Dame et ses nobles suivantes »*

Joueur de flûte entre pin et torrent (Ch'iu Ying, 1495–1552)

dont elle avait « l'air ». Seuls quelques fragments de notations nous sont parvenus, qu'il nous est impossible, faute de clé, de reconstituer.

Il n'y a pas de raison non plus que la musique ait échappé au penchant grec pour la spéculation théorique, étendue à toutes les dimensions de la vie. Un système de notation particulier avait été élaboré qui permettait de « pratiquer » la musique. Le terme grec dont est dérivé le mot musique, en effet, était assez vaste pour englober toute discipline artistique ou scientifique explorée sous l'égide des muses. La musique contenait donc toutes les autres catégories. Pythagore, après avoir imaginé les bases de la gamme telle que nous la connaissons, découvrit la relation qui unit le ton d'une note et la longueur d'une corde. Platon, comme Confucius, allouait à la musique une composante morale: il fallait lui fixer des règles, en vertu de ses effets supposés sur les populations. Platon établissait une corrélation directe entre la personnalité d'un individu et la musique qu'il écoutait. Dans ses *Lois*, il écrit que la complexité rythmique et mélodique doit être évitée, sous peine de mener à la dépression et au désordre.

Il admet cependant que la musique fait écho à l'harmonie divine. Il pense que son imitation des corps célestes – par le rythme et la mélodie – relie la musique au mouvement des sphères et à l'ordre premier de l'univers. Platon, toutefois, se défiait tant du pouvoir émotionnel de la musique qu'il estimait nécessaire d'imposer à son exécution une censure attentive. Il considérait ses propriétés voluptueuses comme un vrai danger et bien, qu'il reconnût sa valeur sous sa forme idéalisée et religieuse, il nourrissait de sombres inquiétudes quant à son influence « terrestre ».

La vision platonicienne, en matière musicale, devait rester dominante pendant près d'un millénaire. Les aspects les plus conservateurs de sa philosophie, et notamment cette appréhension, allaient dans le sens du maintien de l'ordre établi. L'histoire du christianisme illustre cette conception restrictive du rôle de la musique. Ainsi le plain-chant de l'Église limitait-il la mélodie à l'enluminure des textes, alignant la configuration des sons sur celle des lectures ou des psaumes chantés. Saint Augustin (354–430), qui aimait la musique et avait conscience de sa fonction religieuse, était tout aussi alarmé de sa sensualité possible : jamais, à l'en croire, la mélodie ne devait prendre le pas sur le verbe.

La réverbération sonore engendrée par la hauteur vertigineuse des cathédrales médiévales sublima le chant vocal. Quand monte le plain-chant (*cantus planus*, chant uni), c'est comme si des anges se répondaient : le son naît littéralement à l'existence, la musique et le corps des hommes s'unissent en un bouleversant phénomène, successivement ascendant – un hymne de joie – et descendant – une ondée dorée.

L'astronome allemand Johannes Kepler (1571–1630) prolongea la théorie pythagoricienne de l'harmonie des sphères et tenta de corréler la part sacrée de la musique et le déplacement des planètes. René Descartes (1596–1650) prit également conscience de la parfaite expression mathématique de la musique mais ne cacha point, lui non plus, la crainte que lui inspiraient ses pouvoirs évocateurs, excitants et dès lors immoraux. Emmanuel Kant (1724–1804) classait la musique au rang le plus bas de la hiérarchie des arts. Il se méfiait surtout de son inutilité, lui consentant une fonction d'agrément, d'un intérêt culturel négligeable. À ses yeux, il fallait l'accoupler à la poésie pour envisager de lui reconnaître quelque valeur conceptuelle…

Avant le XIXe siècle, les musiciens, à l'inverse des peintres ou des architectes, se risquaient rarement à la théorie. Des génies tels que Bach n'ont pas laissé de savants traités, mais d'authentiques et simples monuments. Notre connaissance de la musique, aujourd'hui, doit beaucoup à deux philosophes allemands, Arthur Schopenhauer (1788–1860) et Friedrich Nietzsche (1844–1900), qui ont enrichi la théorie musicale d'un concept inédit, quoique différem-

CONFUCIUS (551–479 av. J.-C.) est le plus grand éducateur et penseur politique qu'ait connu la civilisation chinoise. Sa philosophie de l'unité et de la stabilité, le confucianisme, peut être considérée comme une réaction aux temps troublés que traversait alors la Chine.

Un ange musicien peint par Fra Angelico
(v. 1400–1455)

ment articulé par l'un et par l'autre : il y voyaient un art dépourvu de l' « objectivité » des autres disciplines, un art vivant qu'aucune toile ne pouvait enfermer, un art sans structure physique.

La création artistique est toujours spontanée, immédiate. L'expérience de l'auditeur, elle, est directement dépendante du processus créatif du musicien. Avant l'invention de l'enregistrement, la musique – comme la danse, l'art dramatique et le récitatif, qui lui étaient souvent intégrés – ne connaissait d'autre mode d'exécution que le « direct », comme on le dirait aujourd'hui. Il se créait ainsi un rapport étroit entre l'émotion du musicien et celle de son public.

L'art et le sentiment, nul n'en a jamais douté, sont intimement liés. Mais ce que la musique permet de partager plus instantanément que les autres arts, c'est son immatérialité même. Elle existe, comme les émotions, dans quelque territoire invisible. La musique peut être entendue n'importe où, mais nul ne peut la toucher. Qu'est-ce que la musique ?

À l'origine des sons, qu'on les transforme en borborygmes ou en symphonie, il y a des vibrations. Dès qu'un objet commence à vibrer, sa vibration conduit les molécules d'air qui l'entourent à vibrer également.

Tout objet émettant un bruit quel qu'il soit présente une façon particulière de créer du son. Ainsi, quand on pince la corde d'un violon, son mouvement suscite la vibration des autres cordes et de l'instrument tout entier. Ces vibrations voyagent depuis leur source en trois dimensions jusqu'à nos tympans. Au plus profond de l'oreille, un signal est envoyé au cerveau qui nous transmet la sensation sonore.

Pythagore avait déjà remarqué que, lorsqu'un forgeron frappe son enclume, les notes émises diffèrent selon le poids du marteau utilisé. Il associa des rapports mathématiques à ces vibrations changeantes et fut ainsi le premier à relier musique et mathématiques. Ses expériences ont prouvé que le rapport du nombre de vibrations d'une corde pincée à celles d'une corde deux fois moins grande était exactement de un à deux.

Traduit en langage contemporain, cela signifie que, si une corde pincée produit une certaine note avec un nombre particulier de vibrations (par exemple 264), lorsque la corde est réduite de moitié en longueur, elle vibrera exactement deux fois plus vite (en l'occurrence 528 vibrations), produisant une note.

La différence entre ces deux notes détermine l'ordre d'une échelle de sons que nous appelons gamme. La gamme que nous utilisons, ou octave (*huit* en latin), est composée de sept notes distinctes auxquelles ont été assignées sept lettres en anglais, A à G, et les noms do, ré, mi, fa, sol, la et si en français. La huitième note est un octave plus haut ou plus bas. Chacun de ces sons, ou notes, vibre à une fréquence particulière – ou nombre de vibrations par seconde. On donne le même nom à deux notes quand la fréquence de l'une est le double de la fréquence de l'autre : il s'agit à chaque fois de la même note, mais jouée à une hauteur différente. Il y a une correspondance parfaite entre les sons et les nombres.

Le nombre des notes ou subdivisions d'une gamme est arbitraire. Il dépend de plusieurs facteurs, y compris du dessin de l'instrument et de la façon dont il est joué. Bien que notre oreille ne soit pas conçue pour discerner tous les sons possibles, une oreille entraînée peut entendre, dans un octave, près de 300 sons, notes ou intervalles différents (un intervalle est l'écart entre deux sons, mesuré par le rapport de leurs fréquences).

À partir de leurs expériences au moyen de cordes pincées, les pythagoriciens sont arrivés à la conclusion que les intervalles les plus agréables à l'oreille humaine étaient :

Pythagore explore les interactions de la musique et des mathématiques (gravure sur bois tirée de l'ouvrage *Theorica musicae*, Franchinus Gaffurius, 1492)

l'octave   1 : 2
la quinte   2 : 3
la quarte   3 : 4

Les pythagoriciens soutenaient également que l'orbite de chacune des sept planètes émettait une note particulière en fonction de sa distance par rapport à un centre immobile qu'ils pensaient être la Terre. L'idée demeura sous différentes dénominations : *musica mundana*, musique des sphères ou harmonie universelle. Les sonorités produites étaient trop subtiles pour que notre oreille commune les perçût. Si l'on en croit Philon d'Alexandrie, c'est la musique cosmique qui descendit jusqu'à Moïse lorsqu'il reçut les Tables de la Loi sur le Mont Sinaï. Saint Augustin pensait pour sa part que les hommes entendent cette musique à l'instant de mourir.

Les pythagoriciens estimaient aussi que chaque type de musique a sur ses auditeurs un effet différent. On raconte qu'il arriva à Pythagore de soigner un jeune élève de son ivresse en lui prescrivant une mélodie à écouter à un certain tempo. Certains rituels de guérison, en Grèce, s'accompagnaient de thérapies musicales. Le romain Boèce (470–525), philosophe, mathématicien et homme d'État, explique que l'âme et le corps sont sujets à des lois de proportion identiques à celles qui gouvernent la musique et le cosmos. Si nous nous sentons à ce point remplis de félicité lorsque nous nous conformons à ces lois, dit-il, c'est grâce à la résonance harmonieuse qu'elles déclenchent au plus profond de nous.

Platon a décrit une réalité dans laquelle l'être et la vie ne font qu'un ; une réalité inséparable de l'harmonie et de la proportion naturelles qui traversent l'ensemble de la création. La relation de toutes les parties qui composent cette réalité, entre elles-mêmes au sein du tout et avec le tout, se reflète dans notre propre relation à notre univers.

Bas-relief grec du premier siècle : muse jouant de la lyre

… subtil comme le Sphinx,
aussi doux, musical et lumineux
que la lyre d'Apollon,
tendue de ses cheveux d'or ;
et lorsque l'Amour parle,
s'assoupissent tous les dieux de
l'Olympe aux accents de sa voix.

WILLIAM SHAKESPEARE
(Peines d'amour perdues, 1595–1596)

Dès lors, le don d'un individu pour les arts, l'architecture, la musique ou même l'agriculture peut s'expliquer par la conscience qu'il a de la relation harmonieuse unissant toutes les dimensions de son existence.

L'âme du peintre est une réplique de l'âme divine, car c'est en toute liberté qu'il lui est donné de créer les espèces animales, les plantes, les fruits, les paysages, les campagnes, les ruines et tous les lieux qui inspirent l'admiration.

LÉONARD DE VINCI

Joueur de harpe égyptien célébrant Horus, le dieu solaire

Chapitre 5

LES LOIS DE LA NATURE

*Habiter le monde sans
conscience des lois secrètes
qui organisent la nature revient à
ignorer la langue de son pays natal.*
HAZRAT INAYAT KHAN

En chacun de nous sommeille un artiste qui puise son inspiration dans toutes sortes de contextes ; quelle meilleure muse, en l'espèce, que la nature ?

Les principes immuables qui régissent le déroulement d'une vie sont aussi remarquables par leur simplicité que par leur haute complexité. Nous leur sommes intimement raccordés. Dans le sable et le vent, dans l'écoulement des eaux, dans ces teintes changeantes qui distinguent l'aube du couchant, les lois de la nature s'exposent au regard de tous.

« Le ciel est sous nos pieds aussi bien qu'au-dessus de nos têtes », s'émerveillait Henry David Thoreau ; *« la nature est gorgée de génie et de divinité au point que rien, pas même un flocon de neige, n'échappe à sa main créatrice. »*

Dessin d'une pomme (William Hooker, 1785–1865)

La pomme, fruit populaire et commun entre tous, appartient à la famille des roses. La mythologie et le folklore lui ont fait une place importante. Nourriture des dieux, source de vie, la pomme interdite à Eve et Adam poussait sur l'arbre de la connaissance.

À GAUCHE : *Insectes et fleurs*, peinture chinoise anonyme

LES FRACTALES : DIVINE GÉOMÉTRIE DE LA NATURE

La géométrie euclidienne se consacrait à une perfection abstraite, quasi inexistante à l'état naturel. Elle ne pouvait décrire la forme d'un nuage, d'une montagne, d'un rivage ou d'un arbre. Comme l'écrit Benoît Mandelbrot dans *Géométrie fractale de la nature* :

« Les nuages ne sont pas des sphères, les montagnes ne sont pas des cônes, les éclairs ne se déplacent pas en ligne droite. La nouvelle géométrie donne de l'univers une image anguleuse et non arrondie, rugueuse et non lisse. C'est une géométrie du grêlé, du criblé, du disloqué, du tordu, de l'enchevêtré, de l'entrelacé. »

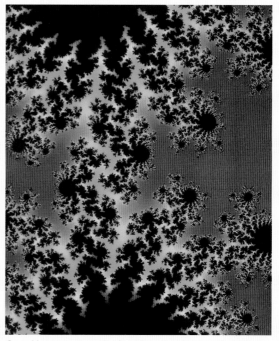

Quand les paramètres des fractales sont mis en couleur afin que certaines valeurs prennent certaines nuances, les solutions générées par l'ordinateur produisent des formes d'une inquiétante beauté.

Les grandes volutes ont de petites volutes
Qui se nourrissent de leur vélocité
Et les petites volutes ont de plus petites volutes
Et ainsi de suite vers la viscosité
LEWIS RICHARDSON (1881–1953), MATHÉMATICIEN ANGLAIS,
EXPERT EN PRÉDICTIONS MÉTÉOROLOGIQUES

Donc, concluent les naturalistes, une puce
Abrite de plus petites puces qui lui sucent le sang,
Et que de plus petites mordent à leur tour,
Et ainsi de suite à l'infini.
JONATHAN SWIFT (1667–1745)
(ART POÉTIQUE EN FORME DE RHAPSODIE, 1733)

Évoquer les fractales, c'est se pencher sur la géométrie de la nature. Les fractales sont des formes ou des comportements dont les propriétés restent les mêmes quel que soit leur grossissement. On parle alors d'« invariance d'échelle ». Ces formes irrégulières sont étrangères à la géométrie euclidienne. Leur attribut le plus connu est l'autosimilarité : elles portent leurs propres répliques, semblables à la figure originale, et inversement : toute partie de l'ensemble, quelle que soit l'échelle utilisée, est identique à l'ensemble tout entier.

Découvertes et baptisées par Benoît Mandelbrot, chercheur pour IBM et professeur de mathématiques à Yale, les fractales répondent en fait à deux questions bien antérieures à l'invention de l'ordinateur. I : comment mesurer la longueur des côtes bretonnes ? En regardant une carte au 1/100, on obtient un premier résultat. Avec une carte au 1/1000, cette longueur croît de façon significative. En fait, plus on y regarde de près, plus le rivage révèle ses détails et sa vraie longueur. Gaston Julia, mathématicien français (1893–1978), posa la question 2 : quelle apparence prendraient, si on les dessinait, des formules algébriques particulièrement complexes ? Il pensait à des formules utilisant un nombre imaginaire (i), défini comme la racine carrée de moins un (-1).

Impossible, ici, de rester dans la géométrie dimensionnelle. Nous savons qu'un point est non dimensionnel, une ligne unidimensionnelle, un plan bidimensionnel et un cube tridimensionnel. Les fractales, qui décrivent des phénomènes tels qu'un nuage, un rivage ou un éclair, se situent quelque part entre ces dimensions à nombres entiers : dans une dimension *fractionnaire* – d'où leur nom, fractales (de l'adjectif latin *fractus* et du verbe *frangere*, « briser » ou « créer des fragments irréguliers »). Les fractales servent ainsi à caractériser des « objets » aux propriétés géométriques inhabituelles, *« qui autrement n'auraient pas de définition claire : le degré de rugosité, de fragmentation, d'irrégularité d'un objet. (…) À maintes reprises, le monde présente une irrégularité régulière »* (François Terrin).

Le principe de l'autosimilarité est visible : chaque sphère est deux fois plus petite que celle à laquelle elle est accrochée. À mesure qu'on ajoute des sphères de plus en plus petites, la surface totale approche l'infini, mais le volume reste fini.

Benoît Mandelbrot fut le premier à confier à la puissance d'un ordinateur ces calculs innombrables et itératifs. Il constata d'abord, dans les années 1950 et 1960, que les fluctuations boursières, les probabilités d'occurrence des mots anglais et les variations des écoulements turbulents avaient toutes quelque chose en commun. Étudiant, Mandelbrot ne s'était jamais soucié d'apprendre l'alphabet ni même les tables de multiplication : pour résoudre un problème, il se reposait sur son génie particulier – une extraordinaire mémoire visuelle –, à coups de grands bonds intuitifs, plutôt que sur les techniques courantes d'analyse logique. Docteur en mathématiques, il se lança dans la recherche et dédia une célèbre étude économique aux cours du coton, matière première sur laquelle on possède des données remontant à plusieurs siècles. Il était conscient de l'impossibilité de prévoir les fluctuations des cours au jour le jour, mais son travail informatique lui permit d'élaborer une modélisation révolutionnaire : il remarqua que ces fluctuations quotidiennes imprévisibles se répétaient régulièrement sur de plus grandes échelles temporelles. Il découvrit ainsi une relation de symétrie entre les fluctuations des prix à long terme et leurs variations à court terme.

FRACTALES

Le terme « fractale » fut inventé en 1975 par le mathématicien Benoît Mandelbrot pour décrire un ensemble de courbes complexes. Avant l'apparition des ordinateurs et de leurs capacités de calcul phénoménales, de nombreuses courbes comme celles-ci n'avaient jamais pu être observées. Les fractales illustrent souvent le principe d'autosimilarité : les objets étudiés sont composés de leurs propres répliques, à une échelle réduite.

LA SPIRALE D'OR – UN LEITMOTIV

Essentielle au règne naturel, la spirale est depuis longtemps chargée de significations symboliques. Observez le ciel, vous y verrez des spirales ; regardez la mer, contemplez le vent... Épluchez les feuilles d'un cœur de laitue ou d'un chou, scrutez avec attention les graines d'un tournesol : les spirales sont partout. Certaines visibles à l'œil nu, d'autres mieux cachées. De l'embryon aux galaxies, la nature nous envoie, par l'intermédiaire des spirales, l'un de ses messages peut-être les plus dynamiques et les mieux équilibrés, car il est le fruit de la réconciliation de contraires harmonieux et cependant asymétriques. C'est la voie médiane, le chemin de moindre résistance qui ne penche jamais plus que de raison dans l'une ou l'autre direction mais atteint toujours à la stabilité parfaite.

Le langage mathématique a étudié et décrit de nombreuses variétés de spirales – dont les plus anciennes remontent à la Grèce antique. Elles ont toutes en commun leur mouvement circulaire autour d'un point fixe, dont elles s'écartent progressivement. Pour le dire autrement, elles s'enroulent autour d'un pôle central dans le même temps qu'elles s'en éloignent de plus en plus.

La spirale d'or, celle qui a pour base le nombre d'or, est dite, en mathématique, spirale logarithmique. Sa croissance a la perfection de toutes les autres manifestations du nombre d'or : elle contient en elle l'ensemble des mystères superbes qui fondent l'équilibre et l'harmonie de Φ. Dans la façon dont elle croît, comme dans sa manière de dépérir, on retrouve ce rapport idéal qui révèle que le tout est au plus grand ce que le plus grand est au plus petit.

Comme nous l'avons vu dans le chapitre 1, deux figures géométriques distinctes permettent de construire une spirale d'or : le triangle d'or et le rectangle d'or. Autres ingrédients possibles : les nombres de Fibonacci : 1, 1, 2, 3, 5, 8, 13, 21... Commençons avec

SPIRALES

Spirale d'Archimède

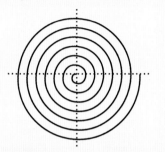

Spirale logarithmique

Les deux formes spiralées les plus fréquentes en milieu naturel sont la spirale d'Archimède et la spirale logarithmique.

SPIRALE D'ARCHIMÈDE

La spirale d'Archimède est la trajectoire d'un point se déplaçant uniformément sur une droite d'un plan, laquelle droite tourne à «vitesse» constante autour d'un de ses points. En termes mathématiques, c'est une courbe dont les coordonnées polaires r (le rayon) et $\ddot{E}$ (l'angle) peuvent être décrites par l'équation $r = a + b\ddot{E}$, a et b étant des nombres réels. Toute variante de a provoquera une rotation de la spirale, b contrôlant la distance entre ses spires. Cette spirale est visible dans une corde enroulée, le sillon d'un disque vinyle ou un rouleau de papier. L'«hélix» est une spirale en trois dimensions qu'on retrouve dans les ressorts hélicoïdaux, dans certaines enseignes commerciales et dans la double hélice de notre héritage génétique, au cœur de la molécule d'ADN.

SPIRALE LOGARITHMIQUE OU ÉQUIANGLE

La spirale équiangle doit son nom à Descartes, et la description de ses propriétés d'autoreproduction à Bernoulli. La courbe de cette spirale coupe tous les rayons vecteurs à un angle constant. Comme la spirale d'Archimède, elle se déploie à partir d'un point fixe. Son équation, un peu plus complexe, constate que

$$r = ae^{b\theta},$$

où r représente la distance au point de départ, $\ddot{E}$ l'angle de l'axe x, a et b des constantes arbitraires, et e une constante mathématique d'une valeur de 271828... La spirale logarithmique a aussi été nommée *spira mirabilis* ou *spirale de croissance*. Elle se distingue de la spirale d'Archimède par le fait que, lorsque l'angle polaire y croît de façon arithmétique, le rayon vecteur suit une progression géométrique, et non pas constante (comme dans la spirale d'Archimède).

Le mathématicien suisse Jacob Bernoulli (1654–1705), l'un des inventeurs du calcul intégral, consacra une grande partie de sa vie aux spirales, leur dédiant un

traité intitulé *Spira mirabilis (Merveilleuse spirale)*. Il découvrit que les propriétés de la spirale logarithmique revêtaient une nature presque magique et fit graver sur sa tombe *Eadem Mutata Resurgo*, «Je renaîtrai à l'identique et pourtant différent». Hélas, c'est la spirale d'Archimède qui fut par erreur gravée dans la pierre, et non la spirale logarithmique qu'il aimait tant.

deux petits carrés de côté 1. Plaçons à côté d'eux un carré de côté 2 puis à côté de ce dernier un nouveau carré de côté 3. Poursuivons avec un carré de côté 5 : la spirale est lancée.

 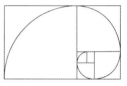

Nautile chambré

Mais la spirale ainsi créée n'est pas une vraie spirale mathématique : la spirale de Fibonacci est constituée de fragments (des quarts de cercle) et ne diminue pas régulièrement puisqu'elle s'arrête à l'unité 1. C'est cependant une bonne approximation de la spirale d'or ; grâce à cette fameuse séquence numérique, nous comprenons mieux la structure de croissance de la spirale d'or, simplement en nous souvenant du principe originel élaboré par Fibonacci : chacun des nombres de la série est la somme des deux nombres qui le précèdent.

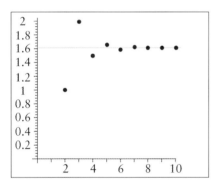

Ce graphique montre comment les sections de la spirale de Fibonacci approchent Φ, le nombre d'or, soit 1,618…

1/1 = 1.000000	55/34 = 1.617647
2/1 = 2.000000	89/55 = 1.618182
3/2 = 1.500000	144/89 = 1.617978
5/3 = 1.666667	233/144 = 1.618056
8/5 = 1.600000	377/233 = 1.618026
13/8 = 1.625000	610/377 = 1.618037
21/13 = 1.615385	987/610 = 1.618033
34/21 = 1.619048	

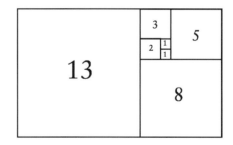

SPIRALES DANS LA NATURE

Dessiner une spirale d'or ou une spirale de Fibonacci sur un morceau de papier, c'est ébaucher une description de la spirale créée par la nature : une figure animée par les principes dynamiques de la régénération, et dont l'emprise sur la vie ne cesse de croître, avec autant de symétrie que d'équilibre. Ou bien la vie est en expansion, en développement, comme étirée, ou bien elle est en voie d'amoindrissement, de dissolution, d'effondrement. La spirale subtile et parfaite, nous la reconnaissons immédiatement en contemplant la beauté d'une feuille dépliée ou l'agencement des pétales d'une rose. Nous la surprenons dans les rivières et les nuages, dans ces motifs surgis de nulle part qui s'estompent et resurgissent encore et encore. L'attention de la nature aux détails est si extraordinaire que les mêmes spirales reviennent sur nos propres corps, comme autant de répliques racontant notre vie dans les mêmes termes, dessinant des figures identiques à celles qui traversent le règne végétal.

L'ŒIL DU CYCLONE

Les mathématiciens nomment *asymptote* le centre de la spirale d'or : un point toujours approché mais jamais atteint. L'œil du cyclone, si calme, est bien le centre de gravité autour duquel l'eau et le vent s'étirent et se contractent, autour duquel la tornade tout entière s'équilibre. Le centre de toute spirale est un séjour dynamique où les contraires coïncident, où la vie et la mort ne font qu'un seul et même phénomène. La totalité des forces qui génèrent la croissance et la maintiennent en équilibre s'activent au cœur de la spirale : à sa source.

L'œil du cyclone est un endroit sûr, protégé par un rempart nuageux. Ceux qui ont survécu à une tornade racontent à quel point le spectacle est étrange – un ciel bleu encerclé par une muraille de nuages furieux. Les marins savent que pour échapper à un cyclone, il faut chercher à s'abriter en son cœur même.

Un oxygyrus, escargot océanique flottant

L'ouragan Bonnie approcha le littoral américain le 25 août 1998 ; un amas gigantesque de nuages en spirale, deux fois grand comme l'Everest, inhabituellement haut pour une tempête atlantique.

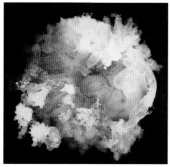

Embryon humain

Effets de spirale et météorologie

La rotation de la Terre ralentit très légèrement au fil des années : près d'une seconde chaque décennie. Elle est modifiée à chaque minute par les effets de spirale des événements météorologiques et océaniques. Au cours de la période 1982–1983, la Terre a ralenti de 2/10 000 de seconde, à cause d'*El Niño (l'Enfant Jésus)*, le phénomène d'élévation de la température des eaux de l'océan, qui dérégla le climat mondial. Le professeur Dennis McCarthy, de l'Observatoire naval des États-Unis, annonça le 24 janvier 1990 que la durée de la journée terrestre avait ainsi été allongée de 5/10 000 de seconde.

ÉQUILIBRE DYNAMIQUE

Le grand maelström du mouvement, tel que nous pouvons l'observer dans notre système solaire, intègre un autre des principes sous-jacents aux spirales : l'équilibre en mouvement. Si l'on jette un bâton dans un tourbillon, il pointera toujours dans la même direction. C'est le même principe qui conserve à l'axe de notre planète son orientation pendant qu'elle tourne sur elle-même et autour du Soleil. Et le même principe est encore à l'œuvre lorsqu'un faucon fond sur sa proie en décrivant un vol en forme de spirale. L'œil du faucon ne bouge pas dans son orbite, sa rétine particulière lui permet de continuer à descendre à une vitesse vertigineuse tout en gardant imprimée, comme « verrouillée », l'image de sa proie.

Dans le monde naturel, de l'extraordinairement vaste à l'infiniment petit, le mouvement des êtres et des choses procède de certains principes d'équilibre dynamique et d'une tendance spontanée à rechercher la stabilité. Les systèmes naturels s'ajustent par eux-mêmes ; leurs propriétés innées suffisent à maintenir l'équilibre nécessaire en cas d'événement perturbateur. Le corps humain ne fonctionne pas autrement.

Notre organisme lui aussi est truffé de spirales. La plus évidente habite nos oreilles mais on en trouve également sur nos poings, dans l'enroulement d'une mèche de cheveux, dans la forme de l'embryon humain et même dans la structure de notre ADN. Les spirales de notre corps possèdent propriétés dont l'acupuncture, d'origine chinoise, fait un usage constant : la spirale de l'oreille, par exemple, dessine une carte qui reproduit toutes les parties du corps humain.

VIBRATIONS INTÉRIEURES

C'est grâce à Georg von Békésy (1899–1972) que nous avons commencé à comprendre le fonctionnement de notre système auditif. En 1947, il fabriqua une réplique mécanique de l'oreille interne, le « labyrinthe », où est située la cochlée (du grec « coquille d'escargot ») : également appelé « limaçon », ce canal en forme de spirale renferme les cellules neurosensorielles qui répercutent les sons au cerveau. C'est l'organe qui entend. Lorsqu'on enregistre les longueurs d'ondes, la courbe des octaves musicaux ainsi tracée correspond au dessin de la cochlée ; chaque note est similaire à celles qui la précèdent immédiatement et à celles qui la suivent sur la spirale, mais avec une variation d'un octave.

La cochlée de l'oreille interne humaine, l'organe responsable de l'audition.

Au creux de chaque oreille, la cochlée renferme un sac membraneux contenant un liquide nommé endolymphe. Cette zone appelée aussi « organe de Corti » entoure l'axe central (la columelle). Elle est composée de 'cils' sensitifs dont l'épaisseur décroît à mesure que la columelle s'enroule vers le haut. Les vibrations sonores pénètrent dans le tourbillon de l'oreille externe et viennent frapper doucement contre la cochlée, transmises en vagues montantes et descendantes à travers l'endolymphe. Chaque ton produit des oscillations qui se brisent à un endroit différent de la membrane dite basilaire. La turbulence créée par ces ondes brisées déclenche des capteurs, les quelque 20 000 cellules ciliées neurosensorielles qui convertissent les sons en signaux électriques conduits jusqu'au cerveau. À lui de les interpréter.

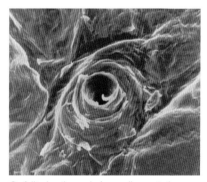

Ce follicule pileux a la forme d'une spirale. À l'exception des paumes de la main et de la plante des pieds, il n'est pas de région de la peau humaine qui ne contienne de tels follicules. La durée de vie d'un poil avant sa chute est d'environ sept ans, puis il fait place à une nouvelle croissance à partir du même follicule.

La cochlée humaine, avec ses 35 mm de long et ses 2,75 tours de spire, nous permet d'entendre approximativement dix octaves sonores. Ce nombre de tours de spire varie chez certains autres mammifères, ce qui leur permet de percevoir des fréquences inaudibles aux humains.

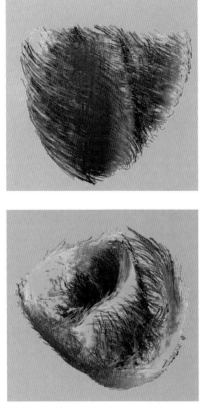

Un logiciel informatique a aidé à réaliser cette image du muscle cardiaque et de ses fibres, dont on perçoit clairement la forme spiralée.

Pythagore avait découvert la possibilité de transcrire la gamme musicale sous la forme de rapports mathématiques. Sa découverte est non seulement confirmée mais enrichie : lorsqu'on trace un graphique à partir de ces notes, la courbe obtenue a l'aspect d'une spirale d'or. Étirée en trois dimensions, elle prend la forme de la cochlée.

Notre équilibre interne repose sur cette spirale. Il est soumis au dessin et au fonctionnement de nos oreilles ; il dépend des spirales qui se déploient à l'infini pour garder à chaque parcelle de notre corps sa capacité de régénération ; le mouvement continu de la spirale esquisse la figure de l'embryon enroulé dans sa matrice aux prémices de la vie ; notre centre vital, le cœur, est ce muscle en forme de spirale, lui aussi, dont la pulsation, quand il se contracte et se relâche, irrigue 96 500 kilomètres de vaisseaux sanguins.

Du Flux

Un vortex est un tourbillon : une figure naturelle qui rassemble les énergies du vent et de l'eau et les attire vers son axe central. On appelle « allée de tourbillons de Bénard-Karman » (*vortex street* en anglais) la description mathématique du motif qui se forme dans le sillage d'un obstacle. Pour créer une spirale, il suffit de provoquer une allée de tourbillons : en traînant un bout de bois dans une bassine ou en vidant une baignoire. C'est le même phénomène qui déclenche les variations climatiques – et tout processus de développement quel qu'il soit. Visibles ou non, les tourbillons nous entourent.

Les Spirales de Fibonacci

Artistes, hommes de science et philosophes n'ont eu de cesse d'essayer de comprendre l'influence de la nature sur le déploiement spiralé des énergies. Explorer le langage mathématique des spirales

SPIRALES ET TURBULENCES

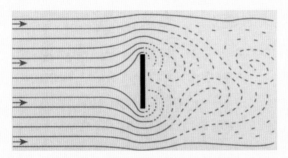

Ce schéma illustre la façon dont les fluides, y compris l'air, forment des spirales lorsqu'on leur oppose un obstacle.

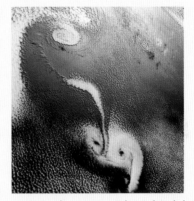

Cette photo prise par la navette spatiale non loin de la Guadeloupe montre des formations de nuages tourbillonnants dans le cadre du phénomène atmosphérique connu sous le nom d'« allée de Bénard-Von Karman ». La longue colonne de tourbillons qui tournoient alternativement en sens horaire et dans l'autre sens est provoquée par les obstacles qu'elle rencontre : ainsi les îles, qui perturbent l'écoulement de l'air lorsqu'elles sont survolées.

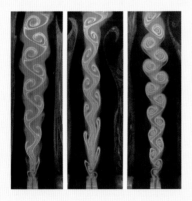

L'une des caractéristiques du flux irrégulier, ou turbulence, c'est qu'en dépit de son imprévisibilité, il présente une certaine régularité. Ces images montrent les motifs qui se forment lorsqu'on modifie la vitesse de deux courants d'air (le premier est en noir, l'autre en vert). Un effet de turbulence se produit quand deux courants entrent en contact l'un avec l'autre ; l'effet de spirale est déterminé par leur différence de vitesse.

Collision entre deux galaxies il y a 430 millions d'années-lumière.

Le problème de Fibonacci sur la reproduction des lapins pose la question suivante : prenons un couple de lapins nouveaux-nés, un mâle et une femelle. Au bout de leur premier mois de vie ils sont en âge de procréer. En conséquence, à la fin du deuxième mois, la femelle aura engendré un nouveau couple de lapins. Supposons que chaque femelle produise chaque mois, à partir du deuxième mois, un nouveau couple (un mâle, une femelle). Combien de couples dénombrera-t-on au bout d'un an ?

nous livre ainsi un autre enseignement frappant quant au comportement de la spirale d'or – celle qui présente une fidélité répétitive à la suite de Fibonacci.

La première fois que Fibonacci a exprimé cette séquence, il la reliait au problème de reproduction des lapins évoqué dans notre chapitre 3 : le nombre des couples de lapins procréés au début de chaque mois est 1, 1, 2, 3, 5, 8, 13, 21, 34 ... et chaque nombre de la liste est composé de l'addition des deux nombres qui le précèdent.

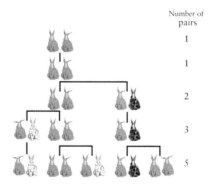

Number of pairs

1

1

2

3

5

Eh bien, ces nombres – 1, 2, 3, 5, 8, 13, 21, 34 ... – reviennent aussi régulièrement dans certaines formations en spirale : ainsi dans l'admirable et symétrique agencement des pétales d'une rose, dont les feuilles successives poussent selon un angle de 137,5 degrés – l'angle d'or.

La Suite de Fibonacci et la Phyllotaxie

Le lien des plantes et des nombres de Fibonacci se retrouve également dans l'étude de la phyllotaxie, le terme grec pour « agencement des feuilles », autrement dit la façon dont sont implantés les éléments botaniques naissants qu'on nomme « primordia », tels que les feuilles

La Suite de Fibonacci dans la Nature

Les nombres de Fibonacci essaiment un peu partout dans la nature. Ainsi quand nous contemplons un bouton de rose : du centre de la fleur naissent les pétales, qui s'écartent de façon circulaire. Ils forment une spirale selon leur ordre d'apparition. Les angles entre les pétales successifs mesurent quelque 137,5 degrés. Cet angle est parfois appelé angle d'or, et s'obtient en multipliant 360 degrés par Φ – le nombre d'or.

On retrouve aussi la suite de Fibonacci dans la généalogie des abeilles. Comme certains autres insectes, les abeilles mâles, ou faux bourdons, connaissent une sorte de « naissance virginale », c'est-à-dire qu'ils proviennent d'oeufs non fécondés. Le modèle ainsi établi permet de préserver le fragile équilibre de la ruche. Dans chaque colonie d'abeilles, une femelle particulière a le titre de reine. Les abeilles ouvrières sont des femelles issues d'œufs fécondés. Les faux bourdons ne travaillent pas et sont engendrés par les œufs non fécondés de la reine. Ces abeilles mâles

ont donc seulement une mère, et pas de père. Les femelles, elles, sont issues de l'accouplement de la reine, elles ont donc deux parents.

Les abeilles femelles finissent généralement comme ouvrières, mais certaines d'entre elles sont nourries d'un nectar particulier, la gelée royale, qui fait d'elles des reines. Elles fonderont une nouvelle colonie lorsque l'essaim se mettra en quête d'un endroit favorable à la construction du nouveau nid.

Généalogie d'un faux Bourdon

Il a un parent, qui est une femelle.

Il a deux grands-parents, puisque sa mère avait deux parents, un mâle et une femelle.

Il a trois arrière-grands-parents : sa grand-mère avait deux parents mais son grand-père n'en avait qu'un.

Génération	Nombre d'abeilles
1	1 faux bourdon
2	1 mère
3	2 grands-parents
4	3 arrière-grands-parents
5	5 arrière-arrière-grands-parents
6	8 arrière-arrière-arrière-grands-parents

Le nombre des abeilles qui se succèdent ainsi au fil des générations forme une suite de Fibonacci.

LA SUITE DE FIBONACCI ET LES PÉTALES DE FLEURS

La présence des nombres de Fibonacci dans le monde floral est d'une grande évidence. Les fleurs à un ou deux pétales seulement sont relativement rares. Le plus souvent, elles en ont trois, souvent aussi cinq, mais très rarement huit. Les lis, les iris, les trilles ont ainsi été pourvues de trois pétales ; les ancolies, les boutons d'or, les pieds d'alouette et les églantines de cinq ; les delphiniums, les sanguinaires et les cosmos en ont huit, les sou-cis treize, les asters vingt-et-un. Les marguerites à treize, vingt-et-un, trente-quatre, cinquante-cinq ou quatre-vingt neuf pétales sont extrêmement communes. Tous ces nombres entrent dans la composition de la suite de Fibonacci… Ce n'est certaine-ment pas une loi immuable, et chaque espèce a ses «francs-tireurs» susceptibles de s'écarter de la norme, mais cette régu-larité d'agencement n'en reste pas moins tout à fait remarquable.

ou les rameaux sur la tige d'une plante, les pétales d'une fleur ou les grains d'un fruit. Le mot « phyllotaxie » a été inventé par un naturaliste suisse du nom de Charles Bonnet (1720–1793). Se penchant sur la structure en écailles d'une pomme de pin, il y remarqua une série de spirales tournantes et opposées ; après les avoir comptées, il s'aperçut que le nombre de ces spirales renvoyait à chaque fois aux termes de la suite de Fibonacci.

Il constata aussi que le rapport composé du nombre de spirales s'enroulant dans le sens des aiguilles d'une montre et de celles qui tournent en sens inverse était proche de Φ, le nombre d'or ; moins les valeurs sont élevées, plus la fraction s'éloigne de Φ. La courbe qui l'atteste est semblable à celle déjà observée page 128.

La nature foisonne de végétaux présentant une systématisation analogue, même si les nombres concernés varient d'une espèce à l'autre : les tournesols, les ananas, le maïs et le blé, les artichauts, les palmiers, les épines de cactus ou de rose, les mûres, les framboises et les fraises sont quelques-unes de ces vivantes illustrations, au même titre, dans un autre registre, que les motifs tachetés rencontrés sur certains coquillages.

Le phénomène n'est pas cantonné aux épines, aux grains ou aux noyaux. La propension des feuilles à s'enrouler en spirale autour d'une tige, les unes après les autres, est même d'une grande banalité. Léonard de Vinci relevait déjà dans ses carnets que *« la feuille tourne toujours sa partie supérieure vers le ciel afin d'être mieux capable d'accueillir la rosée sur sa pleine surface ; et ces feuilles sont disposées sur les plantes de manière à se recouvrir l'une l'autre aussi peu que possible. Cette alternance fournit les espaces ouverts à travers lesquels le soleil et l'air peuvent s'insinuer. L'arrangement est tel que, dans certains cas, les gouttes de rosée de la première feuille s'écoulent sur la quatrième, et dans d'autres cas sur la sixième. »*

Ananas

Fraises

La Suite de Fibonacci et les Spitales

Les graines de tournesol, de marguerite ou de fraise et les écailles d'ananas s'organisent en deux ensembles de spirales qui rayonnent à partir du centre du fruit ou de la fleur. Bien que d'apparence symétrique, les unes tournent dans le sens des aiguilles d'une montre, les autres en sens inverse, sans être également réparties. Mais lorsqu'on les dénombre, on s'aperçoit que toutes ces spirales composent les termes d'une suite de Fibonacci : selon leur direction, 21 et 34, ou 8 et 13. Pour comprendre ce phénomène, il suffit d'observer les étapes originelles du développement d'une plante. Regardons la pointe d'un cône et observons la première apparition des bourgeons sur ce cône ; à mesure que surgissent de nouveaux bourgeons, ils s'éloignent des précédents en les repoussant vers l'extérieur et vers le bas. Attribuons aux bourgeons des numéros

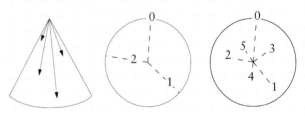

par ordre d'apparition : les bourgeons 0 et 1 partagent le cône en une grande et une moins grande sections. Dès lors, il est plus simple au bourgeon 2 de croître vers la section la plus grande, rejetant le bourgeon 3 vers la plus petite. C'est ainsi que tout au long de la croissance de la plante, les bourgeons vont continuer à se développer dans l'espace le plus confortable qu'ils puissent trouver – et aussi le plus lumineux –, formant de la sorte ces fameuses spirales… Aération et photosynthèse sont ainsi optimisées.

Si l'on trace une ligne qui va du point d'attache de la feuille jusqu'à l'ébauche suivante, cette ligne s'enroulera autour de la tige au fur et à mesure qu'elle s'élève. Les modèles ainsi dessinés sont propres à chaque espèce : à chaque rotation correspond toujours le même nombre de feuilles. De même, une portion équivalente de la circonférence de la tige sépare-t-elle chaque feuille l'une de l'autre. La forme spiralée que l'on rencontre alors est la spirale équiangle, ou logarithmique.

À mesure que la spirale progresse vers le haut, un certain nombre de feuilles sont générées avant que la spirale ne revienne à un point situé juste au-dessus du point de départ de la première feuille, et ne donne alors naissance à une nouvelle feuille. Le rapport du nombre de tours accomplis par la spire dite « génératrice » (entre ces deux bourgeons) et le nombre total de feuilles ainsi créées peut être exprimé par une fraction, ou « indice phyllotaxique », qui permet de calculer l'angle de « divergence », c'est-à-dire l'écart angulaire constaté entre deux feuilles consécutives. Par exemple, si l'angle entre les deux premières feuilles mesure 180 degrés, la troisième feuille se retrouvera immédiatement au-dessus de la première, et la quatrième au-dessus de la seconde ; on obtient ainsi la fraction 1/2, dont le numérateur – 1 – correspond au nombre de tours accomplis autour de la tige, et le dénominateur – 2 – indique que deux feuilles – après la première – ont été rencontrées dans cette spirale de 360 degrés. Les termes de cette fraction sont, toujours, des nombres de Fibonacci. Le même agencement s'applique aux graminées, au sycomore, au bouleau, à l'orme et au tilleul.

Une autre manifestation naturelle de la suite de Fibonacci est à la base de toute vie : l'ADN (acide désoxyribonucléique). Bien qu'on le considère souvent comme la molécule de l'hérédité, l'ADN n'est pas composé de particules solitaires mais de brins qui s'entrelacent par paires, comme des vignes, et se font face pour former une double hélice. Chacune de ces molécules est un brin d'ADN, autrement dit

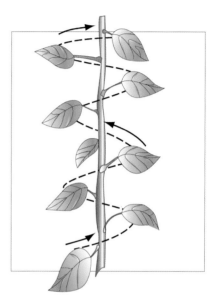

On détermine la divergence en dénombrant le nombre de feuilles rencontrées dans l'angle de 360 degrés formé par la spirale.

TOUJOURS PLUS DE SPIRALES

La suite numérique de Fibonacci, si souvent rencontrée qu'il est impossible de recenser ses occurrences, n'est pas acceptée comme une loi naturelle ; les experts ne s'accordent pas sur une explication scientifique satisfaisante de la phyllotaxie, en dépit de la fascination qu'exercent les nombres concernés. Cependant les phénomènes de croissance en spirale ont été de tout temps observés et même vénérés. De nombreuses œuvres d'art, jusqu'aux plus anciennes, ont représenté les formes spiralées de la nature.

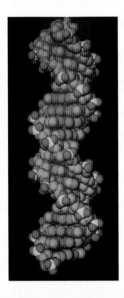

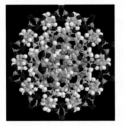

SPIRALES ET ADN

La molécule d'ADN, qui est à la base de toute vie, affiche de très intéressantes dimensions. Ainsi est-elle longue de 34 angströms et large de 21, à chaque cycle complet de sa spirale en double hélice. 34 et 21 appartiennent l'un et l'autre à la suite de Fibonacci, et leur division, 1,6190476…, approche de très près Φ (1,6180339…).

L'ADN apparaît dans la cellule sous la forme de deux brins qui se font face et composent une double hélice (on parle d'ADN-B). Cette forme d'ADN présente deux sillons, l'un large, où sont logés les facteurs de transcription génétique, et l'autre étroit. Leur division (approximativement 21 angströms par 13 angströms) est là encore égale au nombre d'or.

Par ailleurs, une section transversale de la double hélice de l'ADN forme un décagone régulier – dans lequel chacune des spirales de la double hélice dessine les contours d'un pentagone.

Spirales et art

La nuit étoilée (Vincent van Gogh, 1853–1890)

Fragment d'un plafond décoré dans le tombeau d'Inherkhaou en Égypte (1140 av. J.-C.)

une liaison chimique de nucléotides, constitués chacun de trois parties : un groupement phosphate (ou acide phosphorique), un sucre à cinq atomes de carbone et une base azotée variable en fonction du nucléotide.

La mécanique cellulaire est capable de démêler une double hélice d'ADN et d'utiliser chaque brin d'ADN en guise de gabarit pour créer un nouveau brin presque identique. Les erreurs survenant dans la réplication des séquences de l'ADN, nécessaire avant chaque division cellulaire, sont appelées mutations.

La nature abrite des forces mystérieuses qui construisent le monde où nous vivons. L'ensemble est d'une telle beauté, d'une complexité si admirable qu'on est ébahi de pouvoir traduire en équations les phénomènes qu'on y rencontre. C'est pourtant exactement ce qui se passe. À scruter les composantes infinitésimales de ce qui constitue le grand tout, nous y découvrons, réfléchie à l'infini, une proportion décrivant parfaitement la place qui est la nôtre : une harmonie parfaite entre équilibre et mouvement, entre inconnu et familier, entre celui ou celle que nous sommes – et ce dont nous sommes capables.

Ce monde de confuse harmonie
Où l'ordre est sous nos yeux variété
Et où toutes choses bien que distinctes
S'accordent.

ALEXANDER POPE

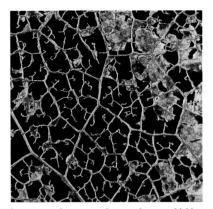

Le rapport du tout au plus grand est semblable au rapport du plus grand au plus petit : tel est le nombre d'or. La nature interprète ce rapport à sa manière. Cette photo d'une feuille de magnolia morte évoque la vue aérienne d'une ville. De même que nos routes transportent ce dont nous avons besoin, chacune des veinules de la feuille enferme un faisceau de canaux qui nourrissent et abreuvent ses cellules.

Chapitre 6

LA SCIENCE ET
L'ORDRE DU MONDE

*Le vrai mystère de la vie,
ce n'est pas un problème à résoudre,
mais une réalité à expérimenter.*
J. J. VAN DER LEEUW

Cette gravure tirée du livre *Astronomiae* du Danois Tycho Brahe (1546–1601) le représente devant le quadrant mural en laiton d'Uraniborg. C'était l'un des instruments les plus imposants alors utilisés par les astronomes. Il permettait d'effectuer des mesures précises des étoiles et des planètes. Surnommé « l'homme au nez d'or », Brahe nomma son observatoire Uraniborg en référence à Uranie, muse de l'astronomie.

Depuis l'Antiquité, philosophes et savants ont cherché une voie qui leur permette d'expliquer l'origine, la structure et l'ordonnancement de l'univers. À chaque nouvelle découverte, un mythe se dissipait, remplacé par une nouvelle « vérité » qui elle-même, souvent, traversait plusieurs siècles en s'ancrant fermement dans la conscience collective. Au cours des 2500 années qui viennent de s'écouler, de nombreuses avancées, scientifiques ou philosophiques, ont contribué à modifier radicalement notre regard sur le monde : autant de nouveaux repères qui nous ont aidés à mieux appréhender notre place dans le grand meccano universel.

Au Vᵉ siècle avant notre ère, Aristote décrivit des méthodes d'investigation fondées sur la logique et la raison. Il imagina un système planétaire obligatoirement sphérique, et non plat, parce que *« pendant une éclipse, la ligne qui limite l'ombre est toujours une ligne incurvée. Puisque l'éclipse de Lune est due à l'interposition de la Terre entre la Lune et le Soleil, c'est la forme de la surface de la Terre,*

À GAUCHE : *La Cène* (Salvador Dali, 1904–1989)

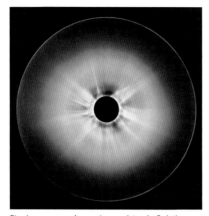

Situé au centre du système solaire, le Soleil est l'étoile la plus proche de la Terre – distante de quelque cent quarante-neuf millions de kilomètres. Nous ne pouvons distinguer que son disque lumineux, mais elle possède une atmosphère dont la couche externe, de faible densité, s'étend dans l'espace sur des millions de kilomètres. Visible de la Terre lors des éclipses totales, sa « couronne » auréole alors le Soleil, comme le montre cette photographie.

Tycho Brahe estimait la distance du Soleil à la Terre à huit millions de kilomètres. Plus tard, Johannes Kepler (1571–1630) triplera cette évaluation. En 1672, Giovanni Cassini s'approchera davantage de la vérité, avec une estimation de cent quarante millions de kilomètres.

sphérique, qui produit cette ligne courbe ». Selon cette vision géocentrique, la Terre était immobile, entourée par les planètes Mercure, Vénus, Mars, Jupiter et Saturne, par le Soleil et par la Lune. Les étoiles étaient accrochées à une sphère céleste transparente dont Saturne représentait, peu ou prou, le point le plus éloigné.

Aristote inventa la théorie du « premier moteur immobile » – une force mystique placée derrière les étoiles fixes, source du mouvement universel. Théorie que ne contraria pas l'avènement du christianisme, à cette nuance près qu'une armée d'anges fut dès lors censée y figurer la puissance supérieure.

Cette conviction, bien entendu, n'a cessé d'évoluer. La Terre n'est plus au centre de tout, et notre univers, on le sait maintenant, s'étend très loin, bien au-delà de ce que nos yeux peuvent voir. Les étoiles ne sont pas davantage accrochées à quelque sphère. Pire encore, avec le temps la Terre, si l'on en croit les théories mouvantes des scientifiques, n'a pas seulement changé de forme mais aussi – très souvent – de mode giratoire.

Aujourd'hui les physiciens continuent à redéfinir l'univers et pourtant les anciennes méthodes de prédiction et de contrôle sont aussi obsolètes que l'usage des équations mathématiques. L'univers se présente dorénavant comme un grand tout indivisible, enveloppé dans un arrière-plan infini et diffus qui est sa source et se déploie dans le monde visible, matériel et temporel constituant nos vies quotidiennes. De cet univers, la pensée humaine peut saisir les aspects dévoilés ; mais pour faire l'expérience de sa totalité, elle est encore trop limitée.

L'UNIVERS ET Φ

En juin 2001, la NASA lança la sonde Wilkinson (WMAP). Sa mission : étudier le rayonnement cosmologique du fond du ciel ; plus précisément, analyser le rayonnement en particules généré juste après la

Les Astronomes qui Ont Fait Avancer la Vérité

PTOLÉMÉE

Cinq siècles après qu'Aristote eut imaginé son système planétaire, l'Égyptien Claudius Ptolemaeus (Ptolémée, 87–150) créa un modèle légèrement modifié qui décrivait avec une plus grande précision la mécanique céleste. Il a contribué à expliquer les mouvements planétaires observables en excentrant légèrement la position théorique

Portrait de Ptolémée d'après un manuscrit du XVe siècle

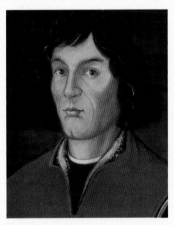

Le modèle géocentrique de l'univers élaboré par Ptolémée

COPERNIC

En 1514, Nicolas Copernic, inquiet qu'on le taxe d'hérésie, proposa un modèle de calcul des positions planétaires qui plaçait le Soleil au centre de l'univers. Lui-même ecclésiastique, il hésitait à diffuser sa théorie selon laquelle la Terre était juste une planète ordinaire, tournant comme les autres autour du Soleil ; c'est pourquoi,

de la Terre par rapport à l'univers. La chrétienté entérina sa vision, laissant assez d'espace, entre les étoiles immobiles, pour abriter l'enfer et le paradis. Le système restera en vigueur pendant plus de mille ans.

jusqu'à son dernier jour, il ne dévoila ses travaux qu'à une poignée d'astronomes. Il ne put assister de son vivant au chaos engendré par sa théorie.

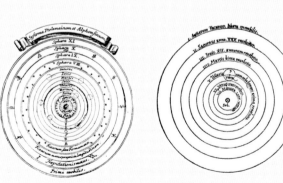

Portrait de Copernic exposé à l'hôtel de ville de Turin, sa ville natale

La vision du monde héliocentrique de Copernic

LES ASTRONOMES QUI ONT FAIT AVANCER LA VÉRITÉ

GALILÉE

En 1633, l'astronome et mathématicien italien Galileo Galilei (1564–1642) fut conduit à Rome pour y subir devant l'Inquisition un procès en hérésie. En réaction à un décret interdisant la diffusion des théories coperniciennes, Galilée avait affirmé avec force qu'elles disaient la vérité. Bien qu'il eût reconnu devant le tribunal qu'il avait peut-être été trop loin en assurant que la Terre tournait autour du Soleil, il fut condamné à la prison à perpétuité. La légende raconte qu'après avoir abjuré à genoux il se leva et marmonna dans sa barbe : « *Et pourtant, elle tourne* ».

Galilée lors de son procès

KEPLER

Au même titre que Copernic, Johannes Kepler (1571–1630) était un homme profondément pieux. Il pensait les hommes conçus à l'image de Dieu et en conséquence capables de comprendre l'univers par Lui créé. En outre, Kepler était persuadé que Dieu avait imaginé l'univers sur la base d'un modèle mathématique. Il a laissé trois lois fondamentales et empiriques consacrées au mouvement des planètes.

NEWTON

Isaac Newton (1642–1727) postulait que l'univers était gouverné par des règles constantes, aussi simples que mécaniques. Il soutenait que notre séparation d'avec la nature nous permettait d'observer le monde en toute objectivité. Après avoir cherché la cause de la forme elliptique des orbites planétaires, il en déduisit les lois de la gravitation universelle puis des principes applicables au mouvement et à la matière. Ce seul ensemble théorique lui permit d'unifier la Terre et tout ce que le firmament compte de phénomènes visibles.

Newton découvrit la gravitation en recevant une pomme sur la tête.

KANT

Emmanuel Kant (1724–1804) écarta Dieu de l'équation scientifique pour envisager les phénomènes naturels comme des processus exclusivement mécaniques. D'après lui, la seule perception sensorielle ne permet pas de comprendre l'univers dans sa totalité, d'où la nécessité d'utiliser un système rationnel tel que les mathématiques.

EINSTEIN

Quand Albert Einstein (1879–1955) exposa la théorie de la relativité générale, la notion d'espace se trouva modifiée. Einstein affirmait que la masse gravitationnelle de tout corps exerce un effet sur les autres corps agit et sur la structure de l'espace. Si un corps est suffisamment massif, il conduit l'espace à se courber autour de lui. Einstein cherchait à comprendre les mystères du cosmos par son intelligence plutôt qu'avec sa seule sensorialité. « *La justesse d'une théorie est dans votre esprit* », dit-il un jour, « *pas dans vos yeux.* » Ses découvertes ont façonné l'âge moderne et suscité une image du monde qui ne réduit plus la nature à une succession de fragments dispersés. Les scientifiques contemporains observent le cosmos comme un réseau d'événements interactifs. Les théories de la physique quantique montrent que l'humanité ne peut compter sur l'isolement pour progresser dans sa connaissance du Tout.

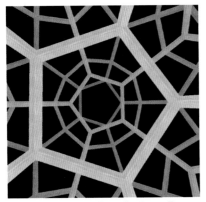

Ce que l'on peut voir depuis l'intérieur d'un espace dodécaédrique (dessin d'artiste).

création de l'univers – rayonnement chargé d'informations potentielles sur la nature physique de l'univers observable. La longueur d'ondes de ce rayonnement est remarquablement pure, mais comme une note de musique, elle doit être associée aux harmoniques qui réfléchissent la forme de l'objet ayant généré et émis ces ondes. Dans le cas d'une note, l'objet en question est un instrument de musique. Dans le cas du fond cosmique émetteur de particules, l'objet est l'univers lui-même. En février 2003, la NASA rendit publiques les premières analyses de la sonde. En octobre, une équipe de chercheurs s'en servit pour développer une modélisation de la forme de l'univers.

Jean-Pierre Luminet et ses collègues de l'Observatoire de Paris étudièrent ainsi différentes hypothèses : forme plate, courbure négative (en forme de selle de cheval) et courbure positive. L'étude a révélé que si les paramètres utilisés par l'observatoire étaient exacts, ils menaient à un univers fini, de courbure légèrement positive (sphérique), presque plat – en forme de dodécaèdre (deux faces plus dix) : en l'espèce douze pentagones sur une sphère dont les faces opposées sont collées (le dodécaèdre de Poincaré). Ce n'est encore qu'une théorie, mais les paramètres qui la fondent peuvent être vérifiés. Cet univers clos serait âgé de quelque 50 milliards d'années-lumière.

L'un des aspects les plus étonnants de cette découverte, c'est sa relation à la théorie de Platon, 25 siècles plus tôt, selon laquelle l'univers aurait des limites finies et la forme d'un dodécaèdre – l'un des cinq solides dits « platoniciens ».

LES SOLIDES PLATONICIENS

Nous touchons ici à l'un des nombreux concepts géométriques mystiques, reliés au nombre d'or et développés par les premiers philosophes grecs. Les « solides de Platon » – qui les décrivit sous ce nom dans le *Timée* – sont mieux connus comme les « polyèdres réguliers convexes ». Chacune de ces cinq figures (le dodécaèdre, le tétraèdre,

LE NOMBRE D'OR ET LE DODÉCAÈDRE

Dans *Le Phédon*, Platon décrit l'apparence du monde, vu du ciel :

> *Pour commencer, ami, on dit que cette Terre-là, vue d'en haut, offre l'aspect d'un ballon*
> *à douze bandes de cuir ; elle est divisée en pièces de couleurs variées, dont les couleurs*
> *connues chez nous, celles qu'emploient les peintres, sont comme des échantillons.*

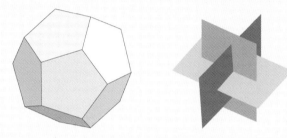

La grenade, emblématique du dodé-caèdre, symbolise la dimension pro-digue et prolifique de l'existence, toujours prête à surgir et à ense-mencer le monde.

Il est possible de construire un espace dodécaédrique autour de trois rectangles d'or imbriqués.

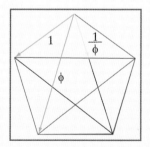 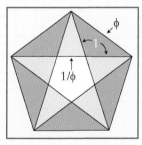

La relation à Φ du dodécaèdre est encore plus manifeste dans les pentagones consti-tuant ses douze faces. Si l'on dessine un pentagone de manière à former une étoile à cinq branches, les segments qui apparaissent affichent des longueurs dont les rapports sont tous basés sur Φ.

La légende grecque de la fertilité de la Terre raconte comment Persé-phone, fille de Zeus, fut enlevée par Pluton, dieu des Enfers, alors qu'elle cueillait des fleurs. Sa mère Déméter la chercha de tous côtés et menaça, si sa fille ne lui était pas rendue, d'anéantir l'humanité en stérilisant la Terre. Zeus promit de ramener Perséphone à condition qu'elle n'ait pas touché à la nourriture des Té-nèbres ; hélas, la captive avait grignoté quelques grains de grenade. Elle fut dès lors condamnée à passer six mois tous les ans en compagnie de Pluton, mais autorisée à rejoindre sa mère le reste de l'année.

l'hexaèdre ou cube, l'octaèdre et l'icosaèdre) s'inscrit parfaitement à l'intérieur d'une sphère uniforme de quelque côté qu'on la regarde, et présente sur toutes ses faces des polygones réguliers (angles égaux et côtés égaux). Ces cinq volumes sont les seuls à réunir les conditions de congruence ou d'égalité de leurs bords, angles et arêtes.

Les noms des cinq solides de Platon sont liés à leur nombre de faces (*colonne 4*). Chacun d'entre eux représentait l'un des éléments ou un état de matière, le dodécaèdre symbolisant le cinquième élément (« quinte essence »), l'éther – ou le cosmos –, supposé contenir tous les autres.

Cosmos	Dodécaèdre	Pentagone	12
Feu	Tétraèdre	Triangle	4
Air	Octaèdre	Triangle	8
Eau	Icosaèdre	Triangle	20
Terre	Cube	Carré	6

Dans l'Antiquité, ces cinq figures étaient considérées avec un respect teinté de crainte. La construction et l'étude de leurs formes représentaient l'objectif ultime vers lequel tout mathématicien se devait d'aboutir, comme un sommet de connaissance géométrique et ésotérique. Leur élaboration s'inspirait également des derniers livres des *Éléments* d'Euclide.

L'idée que toute chose est composée de quatre éléments primordiaux (terre, air, feu, eau) est attribuée à Empédocle (v. 493–433 av. J.-C.), philosophe et poète grec, disciple de Pythagore.

Dans le *Timée*, Platon avance l'hypothèse que les quatre éléments sont tous constitués de corps solides minuscules – nous parlerions aujourd'hui d'atomes. Dans la mesure où l'univers ne peut avoir été conçu qu'à partir d'ingrédients parfaits, ces derniers dérivent nécessairement des cinq solides réguliers.

L'infini ! Jamais aucune question n'a bouleversé aussi profondément l'esprit de l'homme.

DAVID HILBERT (1862–1943), MATHÉMATICIEN ALLEMAND

PLATON ET LES POLYÈDRES REGULIERS CONVEXES

Platon (v. 427–347 av. J.-C.)

Platon naquit au sein d'une famille de la noblesse athénienne. Il s'appelait en réalité Aristoclès, du nom de son grand-père, avant, dit-on, d'être surnommé par son maître de gymnastique « Platon », terme évoquant la largeur de sa poitrine. Il renonça à ses jeunes ambitions politiques, dépité par la façon dont Athènes était dirigée. Il finit par rejoindre les disciples de Socrate, souscrivant à la philosophie et au débat dialectique qu'affectionnait son maître : c'est principalement par les écrits de Platon que celui-ci nous est connu. En 387 avant notre ère, Platon fonda son Académie, souvent évoquée comme la première université de l'histoire. On y enseignait un vaste corpus fait d'astronomie, de biologie, de mathématiques, de théorie politique et de philosophie. Il y consacra ses dernières années, à enseigner et à écrire, jusqu'à sa mort à près de 80 ans.

Le Timée et *Critias*, composés autour de 360, sont deux des dialogues de Platon rédigés sous la forme de conversations entre Socrate, Timée, Critias et quelques autres, réagissant apparemment à une causerie donnée par Socrate sur le thème des sociétés idéales.

Dans *Le Timée*, Socrate retrace une histoire que Platon, par la voix de son maître, dit tenir pour véridique : elle relate le conflit qui opposa, neuf mille ans plus tôt, les anciens Athéniens aux

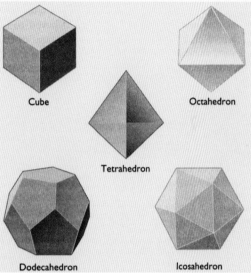

Cube

Octahedron

Tetrahedron

Dodecahedron

Icosahedron

Les cinq solides platoniciens

Atlantes. Quoique oubliées à l'époque de Platon, la connaissance de ce passé lointain et l'histoire de l'Atlantide avaient été transmises par des prêtres égyptiens à Solon, qui en avait fait part à Dropide, l'arrière-grand-père de Critias. Dans ce dialogue, Timée, pythagoricien, philosophe, homme de science et donc contemporain de Platon, assure l'essentiel de la conversation et décrit notamment la création géométrique de l'univers.

Mosaïque de Pompéi (Ier siècle) intitulée *Conversation entre philosophes* (également connue comme *L'Académie de Platon*)

Se forger une image mentale de certaines découvertes scientifiques est aussi difficile que d'imaginer un objet en quatre dimensions au moyen de notre seule vision tridimensionnelle. Pour percevoir la vérité, la réalité sensible qui nous entoure ne suffit pas, elle est même trompeuse : il faut chercher l'essence des choses. C'est ce que souligne l'allégorie de la caverne (Platon, *La République*) : un peuple avait été condamné, dès sa naissance, à vivre enchaîné dans une caverne ; tout ce que ces êtres savaient de la réalité extérieure était ce que leur en renvoyaient les ombres grises dessinées sur les murs de la grotte…

D'abord, plaidait Platon, il nous faut le feu pour rendre le monde visible. Puis la terre pour qu'il puisse résister au toucher. Comme il est le plus léger des quatre éléments, le feu doit être un tétraèdre, et le plus stable, la terre, ne peut consister que de cubes. Sa fluidité assigne l'eau à l'icosaèdre, le plus facile à faire rouler. L'air est à l'eau ce que l'eau est à la terre : ce doit être un octaèdre. Le cosmos tout entier, enfin, revêt la forme du dodécaèdre.

Même si la théorie de Platon nous semble aujourd'hui quelque peu fantasque voire extravagante, l'idée selon laquelle les solides réguliers jouent un rôle essentiel à la structure de l'univers était toujours retenue avec le plus grand sérieux aux XVIe et XVIIe siècles, lorsque Kepler entama sa quête de l'ordre mathématique.

On recensait six planètes à l'époque de Kepler : Mercure, Vénus, la Terre, Mars, Jupiter et Saturne. Influencé par la théorie de Copernic – les planètes tournent autour du Soleil –, Kepler essaya de déceler des corrélations numériques expliquant pourquoi il n'y avait ni plus ni moins que six planètes, et pourquoi elles se tenaient à une distance particulière du Soleil. Il finit par conclure que la clé du problème n'était pas d'ordre numérique, mais géométrique.

S'il y a six planètes, raisonna-t-il, c'est parce que la distance entre chaque paire de planètes adjacentes doit être associée à un solide régulier spécifique – et on n'en compte que cinq. Après quelques expérimentations, il s'arrêta sur une disposition de sphères et de solides réguliers emboîtés les uns dans les autres, de façon à ce que chacune des six planètes décrive une orbite autour de l'une des six sphères.

Bien qu'il nous soit difficile de concevoir que deux géants de l'intelligence du calibre de Platon et Kepler aient pu s'accommoder de raisonnements aussi peu étayés par des faits scientifiques, il faut admettre qu'ils partageaient avec nos chercheurs modernes une même conviction : la structure et l'ordonnancement de l'univers peuvent

KEPLER ET LA MUSIQUE DES SPHÈRES

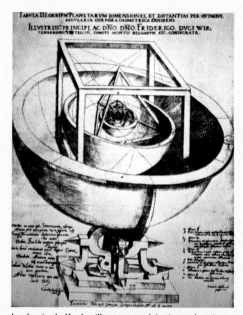

Le dessin de Kepler illustrant sa théorie sur les cinq solides réguliers, malheureusement tout à fait erronée.

Dans ses *Commentaires sur les mouvements de la planète Mars* (1609), Kepler énonça les deux premières de ses lois sur le mouvement des planètes :
1. les planètes ne se déplacent pas de façon circulaire, mais elliptique ;
2. elles se déplacent de façon à ce qu'une ligne balaie des aires égales pendant des intervalles de temps égaux. En 1619, dans *Harmonies du monde*, il ajouta la loi n°3 : le carré de la période de révolution d'une planète est égal au cube de sa distance moyenne au Soleil. Plus tard, il republia sa magnifique spéculation selon laquelle les cinq solides réguliers d'Euclide s'inscrivaient dans des sphères, croisant de très près les orbites des cinq planètes alors connues. Il avait une première fois publié cette conclusion en 1596, quand il pensait encore, avec Copernic, que les planètes se déplaçaient de façon circulaire, donc que les solides pouvaient s'insérer dans des sphères.

Il s'attacha par ailleurs à établir que les rapports des caractéristiques orbitales des planètes entre elles définissaient des intervalles comparables, dans leur expression, aux intervalles musicaux : 1/2, 2/3, 3/4, etc. Mars, par exemple, est selon lui deux fois moins loin du Soleil que Jupiter (en réalité, trois fois moins loin), soit 1/2, ou un «octave» plus haut. Il en déduisit que les planètes se déplaçaient au son de la «musique des sphères» et assimila sa découverte au dévoilement des méthodes mathématiques de Dieu, le «Créateur très bon et très grand» des Cieux.

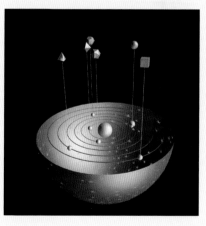

La vision qu'avait Kepler de l'univers associait les planètes aux solides réguliers : Mars au dodécaèdre, Vénus à l'icosaèdre, la Terre à la sphère, Jupiter au tétraèdre, Mercure à l'octaèdre et Saturne au cube.

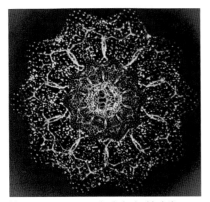

Une section transversale de la double hélice de l'ADN montre un décagone régulier, c'est-à-dire deux pentagones dont l'un est incliné à 36 degrés par rapport à l'autre, de telle sorte que chacune des spirales de la double hélice dessine les contours d'un pentagone.

être décrits et jusqu'à un certain point expliqués par les mathématiques.

Si absurdes les idées de Platon étaient-elles alors, il est indéniable que la nature propose, à partir de ses cinq solides réguliers, des variations potentiellement sans fin. À mesure que progressait la science mathématique, une multitude de propriétés fascinantes sont apparues : elles s'appliquent notamment à tous les cristaux, à la structure répétitive de l'organisation des atomes et au pliage des protéines de notre ADN (du repliement de la protéine sur elle-même dépend son action : mal repliée, elle est inactive).

Je pense que la physique moderne a tranché, de façon définitive, en faveur de Platon. En fait, les plus petits éléments de matière ne sont pas des objets physiques au sens courant du terme ; ce sont des formes, des idées que seul le langage mathématique permet de retranscrire sans ambiguïté.

WERNER HEISENBERG (1901–1976), PHYSICIEN ALLEMAND

Φ ET LA CRISTALLOGRAPHIE

Chacun d'entre nous a conscience des schèmes magnifiques que la nature est capable de concevoir. S'ils font depuis si longtemps l'objet d'études, c'est justement parce qu'ils nous donnent accès, avec une grande précision, aux principes sur lesquels nous pouvons nous appuyer pour trouver une solution scientifique à toutes sortes de situations compliquées. Ainsi l'observation de certaines constructions naturelles, inspirée de prime abord par la seule curiosité, a eu, dans certains cas, d'étonnantes conséquences. Prenons la cristallographie : la science dédiée à l'étude géométrique des substances cristallines et à leur arrangement interne. La cristallographie est une discipline importante aujourd'hui, ne serait-ce que pour la raison suivante : la juste compréhension des structures moléculaires conditionne la recherche thérapeutique. Liée au nombre d'or, la découverte dont nous allons parler est aussi significative que l'aurait été l'apparition d'une nouvelle couleur dans l'arc-en-ciel.

En 1984, un ingénieur israélien spécialisé en science des matériaux, Dan Schectman, remarqua que certains cristaux présentaient une propriété jusqu'alors considérée comme théoriquement possible – mais seulement théoriquement, faute de preuve tangible. Pour comprendre la nature de cette découverte, il n'est pas inutile de se pencher au préalable sur deux techniques qui lui sont liées, l'empilement (en anglais, « packing ») et le pavage (« tiling »).

Ainsi que nous l'avons vu dans le chapitre précédent, la nature recourt à de multiples lois pour garantir à l'évolution un environnement idéal. Nous avons plus particulièrement observé les nombres de Fibonacci et la phyllotaxie des plantes, et constaté cette intrigante et régulière présence du nombre d'or. Au début du XVIIᵉ siècle, avant que Charles Bonnet n'entame ses recherches, Johannes Kepler s'était déjà penché sur le sujet. Fasciné par la façon dont sont empilées les grains d'une grenade, il regarda un peu plus loin ; ses observations le conduisirent très loin au cœur de la formidable symétrie de la nature. Symétrie vient du grec *summetria* : avec mesure. Kepler détermina ainsi que la matière à l'état solide ne pouvait présenter que deux formes basiques : hautement organisée, ou désordonnée – informe (que traduit l'anglais *amorphous*).

Les molécules d'un corps solide sont plutôt stables : comparées aux molécules liquides ou gazeuses, elles tendent à demeurer relativement solidaires les unes par rapport aux autres. Si les molécules d'un solide sont agencées d'une manière ordonnée, nous disons de ce corps qu'il est ordonné ou cristallin (la glace, les diamants, le sel de table, le sucre). Quand les molécules d'un solide s'entassent sans ordre particulier, nous parlons alors de matière amorphe ou vitreuse (la céramique, certains plastiques, le verre).

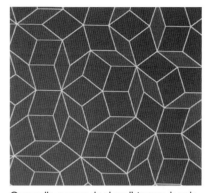

On appelle « pavage du plan » l'ajustage de polygones de formes différentes couvrant une surface plane sans interstice ni chevauchement. Ces arrangements sont périodiques ou non-périodiques, comme celui-ci, composé de deux polygones seulement : c'est un pavage du type dit de Penrose, qui a ouvert la voie à la compréhension des substances appelées quasi-cristaux.

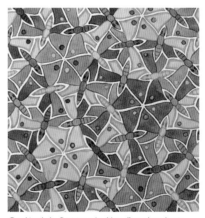

Ce détail de *Division régulière d'un plan, dessin n°79*, de M. C. Escher, est un exemple de pavage périodique.

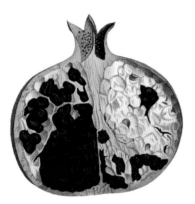

Les grains de grenade forment des dodécaèdres.

La répétition d'un motif élémentaire permet de déterminer la régularité de la structure.

Autrement dit, un cristal naît de la répétition dans un espace en trois dimensions de la même cellule élémentaire. Première condition nécessaire : les atomes cristallins sont empilés et ordonnés en réseau périodique, c'est-à-dire qu'ils présentent un motif géométrique élémentaire définissable, la maille, dont la répétition en un processus de translation dans toutes les directions de l'espace produit le cristal dans sa totalité. La symétrie, dont le concept a été introduit en 1815 par René-Just Haüy, est l'ensemble des opérations géométriques qui décrivent l'organisation dans l'espace de faces cristallines semblables. Or la deuxième condition qui régit l'existence des cristaux, c'est que ce réseau simple – corps non composé – ne reconnaît que certains types de symétrie interne : seules les symétries d'ordre 2, 3, 4 et 6 y sont permises. Une symétrie d'ordre 5 est supposée interdite car l'empilement de figures régulières à cinq côtés laisse des « trous », des interstices entre les mailles.

LA SCIENCE DE L'EMPILEMENT

Lorsque Kepler, au tout début du XVIIe siècle, examina la façon dont les grains de grenade s'entassaient sur eux-mêmes, l'une de ses premières initiatives fut de les comparer à d'autres structures, et plus particulièrement aux flocons de neige et aux nids d'abeille. A chaque fois, il retrouva les mêmes principes géométriques de régularité.

La nature choisit toujours le moyen le plus efficace pour arriver à ses fins : pour expliquer la régularité de ces différentes structures – grenades, flocons de neige, nids d'abeille –, observons l'empilement d'un ensemble de sphères dans un espace en 3D, puis les solides géométriques auxquels elles donnent alors naissance. Ainsi, quand des sphères sont entassées dans un cube, elles vont graduellement se dilater et devenir cubiques ; on parle alors d'empilements cubiques à faces centrées. Placées dans un espace hexagonal, elles vont suivre la même logique d'adaptation et se changer en prismes hexagonaux, ou « empilements hexagonaux compacts ».

Les grains de grenade, à l'origine, sont des sphères minuscules entassées et compactes. En croissant et en gagnant en densité à l'intérieur de l'espace qui leur est alloué, elle finissent par adopter la forme du dodécaèdre à douze côtés déjà évoqué : elles enfoncent en petites bosses la fine écorce de la grenade, optimisant l'espace interne du fruit. Kepler constate le même processus dynamique avec les flocons de neige et les nids d'abeille.

Bien que captivé par ses observations, Kepler savait n'en être qu'à une ébauche d'élucidation des différents principes à l'oeuvre dans les phénomènes naturels. De fait, ses successeurs découvriront plus tard qu'il n'existe pas plus de quatre formes tridimensionnelles susceptibles de s'entasser parfaitement, avec régularité et sans laisser d'intervalles : les formes à deux, trois, quatre et six côtés.

Si les lois physiques applicables à l'empilement en trois dimensions furent relativement faciles à établir, il en va autrement dès qu'on se pose dans un espace en deux dimensions. Pour y voir plus clair, les mathématiciens se sont servis de ce qu'on appelle le pavage, ou dallage. Le pavage est la partition d'un espace par un ensemble d'éléments qu'on nommera tuiles (ou briques, ou pavés...). Le pavage se résume à une question : quelles sont les polygones uniformes dont la juxtaposition permet de recouvrir intégralement un espace bidimensionnel, autrement dit un plan ? Un sol, par exemple, peut-il être recouvert avec des carreaux de n'importe quelle forme ?

LA SCIENCE DU PAVAGE

Dans le monde naturel, le pavage apparaît sur toutes sortes de surfaces : la carapace d'une tortue, les écailles d'un poisson, les cellules de notre peau. À travers les siècles, des artistes du monde entier ont eu recours à la science du pavage pour réaliser de superbes assemblages décoratifs en forme de mosaïques, sur des parquets, des tableaux ou des panneaux muraux.

Kepler s'est servi des flocons de neige (ci-dessus) et des nids d'abeille (ci-dessous) pour observer les principes de l'empilement.

L'EMPILEMENT

La façon dont la nature s'adonne à l'art de l'empilement a conduit les scientifiques à étudier de très près les principes mathématiques concernés, afin de tenter d'y percer les secrets de la perfection. Ainsi les solides réguliers à cinq côtés ne peuvent s'empiler sans laisser d'espaces inutilisés. Au contraire des formes à deux, trois, quatre et six côtés, dont l'agencement s'organise avec une totale efficacité.

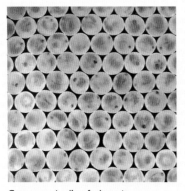

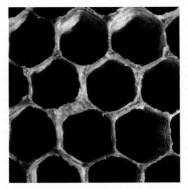

Cette couvée d'œufs de truite arc-en-ciel parfaitement disposés donne un bon exemple de la manière dont la nature s'y prend pour empiler des sphères. Une truite femelle peut pondre jusqu'à 5000 œufs dans le nid qu'elle a logé sur le lit caillouteux de la rivière. C'est cette technique dont nous nous inspirons lorsque nous rangeons des oranges dans un carton.

En 1915, la jeune technique du rayon X permit de démontrer que les flocons de neige étaient constitués de particules semblables disposées en réseau. Le flocon est d'abord un germe ou une poussière cristallins présents dans les couches supérieures de la troposphère, où se sont posées des molécules d'eau glacée. Il grossit au gré des courants atmosphériques qui lui font traverser différentes altitudes : le motif qui se dessine est fonction des mouvements particuliers du grain originel, dont la taille est si petite que chacun de ses côtés croît à l'identique. La forme hexagonale du cristal est ainsi préservée.

Nombre de théories ont tenté d'expliquer la forme hexagonale du nid d'abeilles. Darwin pensait que les abeilles commençaient par évider des cylindres de cire puis en écartaient les parois jusqu'à ce qu'elles touchent les cellules contiguës et remplissent les interstices les séparant. Nous savons désormais que les abeilles sécrètent la cire sous la forme d'un enduit solide et construisent les alvéoles l'une après l'autre, toutes se faisant face. Un effort de haute géométrie qui permet aux abeilles de bâtir leur nid et d'entreposer leur miel selon la plus efficace logique mathématique : elles pavent d'abord le plan, puis l'espace.

Dans un espace bidimensionnel, seuls trois polygones réguliers peuvent être accolés de manière à recouvrir complètement le plan. Il s'agit du triangle équilatéral, du carré et de l'hexagone régulier. Pas le pentagone : les figures à cinq angles et cinq côtés, si on les associe, laissent des intervalles ou se chevauchent.

Mais si l'on combine triangles, carrés, hexagones, octogones et dodécagones, il existe huit sortes supplémentaires de pavage symétrique réalisables au moyen de formes régulières, ainsi que l'a montré Kepler. À condition toutefois que chaque sommet soit entouré de figures similaires. Si on autorise les polygones non réguliers, alors il n'y a pas de limites au nombre des possibilités offertes par le pavage régulier.

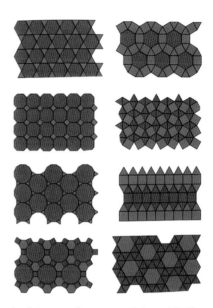

Les huit sortes de pavage symétrique réalisables au moyen de formes régulières. Une condition : chaque sommet doit être entouré de figures identiques.

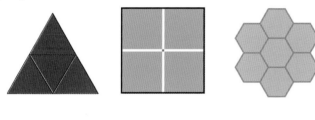

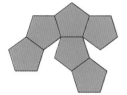

Tout triangle ou quadrilatère fera l'affaire, mais seuls fonctionneront les pentagones à deux côtés parallèles. Dans le cas des hexagones, il a été démontré qu'il en existe précisément trois sortes à même de recouvrir un plan avec régularité. Le processus est en revanche impossible pour les polygones à sept côtés ou plus. De la même manière qu'il existe deux types d'états de matière solides, il y a deux sortes

LE PAVAGE

Le pavage est un art. L'usage de motifs naturels aux formes régulières et irrégulières a conduit les artistes à créer des oeuvres personnelles aussi belles que complexes.

Le pavage d'une carapace de tortue

Un autre exemple de pavage naturel : les écailles de poisson

Le Chaos est omniprésent, sous d'innombrables formes, quand l'Ordre demeure un idéal inaccessible.

M. C. ESCHER

Les expériences de pavage mélangeant formes régulières et irrégulières sont fréquentes.

La mosquée du Vendredi à Ispahan (Iran)

M. C. Escher a créé d'ingénieux pavages dont les sujets donnent souvent l'impression d'être en mouvement dans les trois dimensions.

de pavage. L'un s'appuie sur des structures périodiques (répétition d'une cellule élémentaire unique) et une symétrie dite de translation (qui se répète dans les deux directions de l'espace). L'autre s'applique au pavage dépourvu de symétrie de translation, et s'appelle pavage non-périodique. En 1964, on a découvert un assemblage non-périodique constitué de 20 000 tuiles ou pavés différents s'emboîtant parfaitement. L'événement a par la suite inspiré la création de nombreux motifs – qui consommaient, toutefois, beaucoup moins de pavés.

Si l'on en sait long, désormais, sur le pavage périodique, le pavage non-périodique continue de faire l'objet de recherches. En 1974, le mathématicien britannique Roger Penrose a réussi à construire deux losanges, définis par des angles de 36 et 72 degrés, pouvant être assemblés de manière à remplir l'espace d'un plan d'une façon non-périodique – c'est-à-dire que les tuiles s'assemblent alors parfaitement mais sans cette symétrie de translation qui permettrait à deux tuiles semblables d'être toujours déductibles l'une de l'autre ; seule subsiste la symétrie de rotation d'un pentagone. Afin de forcer la non-périodicité de l'agencement, les arêtes des tuiles jointives subirent certaines contraintes d'accolement – notamment une décoration identique.

Ces figures, ce n'est pas anodin, sont reliées par le rapport Φ. En outre, lorsqu'un espace plan est ainsi pavé le rapport entre le nombre de gros losanges et le nombre de losanges fins tend vers le nombre d'or.

UN NOUVEL ÉTAT DE LA MATIÈRE

Le même type de pavage se retrouve aussi en trois dimensions grâce à une figure simple dérivée du pavage de Penrose. Alors qu'on avait longtemps cru que le pavage d'un plan et même d'un espace tridimensionnel avec une symétrie d'ordre 5 était impossible, une « quasi-

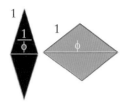

Ces pavés peuvent se combiner de différentes façons. Lorsque les motifs sont étendus afin de pouvoir couvrir de larges surfaces, le rapport entre la quantité de pavés d'un certain type et les autres approche toujours Φ, ou 1,6180339...

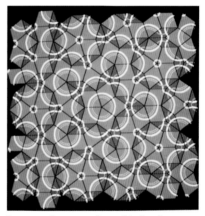

Fragment d'un pavage (non-périodique) de Penrose, qui présente ce qu'on croyait impossible : une symétrie d'ordre 5.

Les diagonales de cette forme en diamant à six côtés sont liées par un rapport égal au nombre d'or.

solution » s'imposa, pour peu qu'on utilise deux formes polygonales dans le cas d'un plan, et une seulement pour un espace en trois dimensions : une figure à six côtés en forme de diamant dont les diagonales coïncident avec le rapport de la divine proportion – ou nombre d'or.

Ce qui se présentait jusqu'ici comme un exercice mathématique ouvre soudain une porte. Par cette porte, les scientifiques vont pouvoir s'engouffrer pour observer un monde qui ne leur est pas exactement compréhensible…

Dany Schectman, le cristallographe, découvrit avec intérêt que les cristaux d'un alliage d'aluminium et de manganèse obéissaient aux mêmes principes que la « quasi-solution » appliquée à l'empilement et au pavage – des principes autorisant, contre toute attente, des symétries d'ordre 5 et dépendant de formes aux divines proportions. Ce fut une révélation pour les cristallographes, si peu attendue qu'il lui faudra deux ans pour être acceptée. La découverte de ce nouvel alliage implique donc qu'il existe une famille de cristaux appelés quasi-cristaux : ordonnés mais non périodiques, ni amorphes. C'est la naissance d'un nouvel état de la matière, l'état quasi-cristallin. Il faut se souvenir ici que les scientifiques estimaient auparavant que la matière à l'état solide ne pouvait emprunter que deux formes basiques : hautement organisée, ou informe (amorphe).

La mathématicienne allemande Petra Gummelt découvrit en 1996 qu'on pouvait recouvrir un plan uniquement avec des décagones, à nouveau étroitement liés à Φ, et ainsi parvenir à un pavage de Penrose quasipériodique, à condition d'autoriser deux types de chevauchement. On assiste là à l'introduction d'une notion de partage. Lorsqu'un côté de ce décagone est égal à 1, le rayon du cercle qui le circonscrit est égal à Φ. Nous avons rencontré la même figure dans la coupe transversale de l'ADN.

Le principe proposé par le décagone de Petra Gummelt a permis aux scientifiques d'envisager le scénario à l'œuvre dans le cas des quasi-cristaux : ses « auteurs » sont peut-être des amas d'atomes voisins dont les interactions – le partage de leurs éléments – décriraient un solide. Dans l'opération, le solide ne perdrait rien mais au contraire gagnerait en stabilité. La physique parle ici de « sauts atomiques discrets », ou phasons.

Quelles qu'en soient les conséquences pour la cristallographie, cette découverte est riche en implications merveilleuses pour la dynamique humaine ; elle illustre en effet, de manière scientifique, l'efficacité du principe de partage : en cas de partage, la situation à laquelle il permet d'aboutir est plus solide que s'il n'avait pas eu lieu.

La question continue d'être examinée et approfondie. Les chercheurs, stimulés par leur curiosité et leur goût pour l'exploration des mystères de l'univers, n'en finissent pas de repousser les frontières de l'univers que nous croyions connaître. Tout en leur sachant gré, infiniment, pour le temps consacré à leur tache, n'oublions pas que c'est peut-être au hasard des régions les plus enchevauchées de notre existence que nous trouverons ce que nous cherchons ; du côté d'une explication du monde elle-même plus vaste que les éléments particuliers qui le composent. S'il existe un code expliquant toute chose, il surgira sûrement de quelque plissement spatio-temporel où la vie est vécue comme le divin partage des énergies physique et spirituelle.

Rien n'est plus beau à explorer que le mystère.
Il est la source de tout art et de toute science véritable.

ALBERT EINSTEIN

Réalisé par Petra Gummelt, un pavage quasi-périodique du plan au moyen de décagones se chevauchant, et la relation à Φ qui en découle.

Chapitre 7

MYSTIQUE DES PROPORTIONS

Du parfait sort le parfait.
Si du parfait on soustrait le parfait,
il reste (toujours) le parfait.
ISHA UPANISHAD

Détail du *Jugement dernier* (v. 1320), dans l'église byzantine de Saint Sauveur des Champs (Kariye Camii). Une nuée d'anges occupe l'arrière-plan, surplombés par un ange solitaire qui porte la spirale céleste.

L a plupart des propriétés du nombre d'or ne sont pas évidentes. Mais elles ne sont pas cachées pour autant. Elles demandent seulement à être déchiffrées. Ainsi les formes suggérées dans son expression mathématique $\Phi = (1 + \sqrt{5}) / 2$ véhiculent-elles un profond symbolisme et des motifs qui traduisent une harmonieuse beauté. Replacée dans la nature, la dynamique du nombre d'or déclenche une spirale de régénération ; dans l'espace scientifique, elle participe à la définition de nouvelles dimensions. Le nombre d'or témoigne d'une relation riche de sens entre le Tout et les parties qui le composent. Ses enseignements cryptés renferment les lois de la créativité sacrée et la mémoire d'une expérience qui transcende le monde austère de la pensée limitée pour proposer à ses acteurs un voyage initiatique vers la suprême récompense : la révélation de son propre Soi.

En Afghanistan, pendant des milliers d'années, il exista une école secrète (communauté ou monastère) qu'on appelait le Sarmoun Darq, ce qui signifie « la ruche », ou « les récolteurs de miel ». On dit que Georges Ivanovitch Gurdjieff, l'un des plus grands maîtres spirituels

À GAUCHE : *Sudama approchant la cité d'or de Krishna*, artiste anonyme indien (v. 1785)

Temple de Karnak, Égypte

L'une des plus anciennes de toutes les écoles mystérieuses. La construction du temple de Karnak devait refléter la forme de l'être humain.

(1877–1949), aurait longtemps cherché la source de la connaissance ésotérique avant de la trouver *in fine* au Sarmoun Darq.

Il y a eu, et il demeure, de nombreuses écoles de ce type. Elles ont pour raison d'être la collecte et la sauvegarde de certaines formes de savoir exclusives à l'essence de l'humain ; leur intervention a d'autant plus de poids lorsque ledit savoir tend à se dissiper, elle agit dès lors en profondeur sur notre évolution. Sans elle, nous cesserions d'évoluer.

À bien des égards, les grands mystiques et les maîtres spirituels compilent la connaissance sacrée et les enseignements ésotériques comme les abeilles butinent leur nectar. À eux d'enrichir ces nectars dans l'attente du moment où la réserve de sagesse jusqu'alors dissimulée sera enfin accessible – et si précieuse – aux plus curieux d'entre les chercheurs de vérité. En proposant d'inédites interprétations des textes anciens, en réformant les rituels et les techniques de méditation, les grands maîtres ouvrent de nouvelles voies ; les secrets du savoir ésotérique se retrouvent ainsi redéfinis et retranscrits sous de nouvelles formes ; les méthodes sont empruntées à une tradition et utilisées pour en éclairer une autre ; des légendes s'écrivent, qui renferment des pépites magistralement conçues. Au fil des siècles, des vérités jadis évidentes sont devenues opaques. Trop longtemps ensevelies, elles attendent de revoir la lumière.

Les mythes et les rituels sacrés, les sonorités sacrées, l'art sacré et l'architecture contiennent les merveilleux fragments d'une sagesse supérieure. Dans toutes les civilisations et de tout temps, les textes saints nous ont transmis de puissants messages. Les récits de voyages ou de quêtes mythologiques sont nombreux qui nous retracent l'histoire d'un héros – parfois une héroïne – obligé de se mettre en route car confronté à une situation critique et désigné pour sauver l'humanité (ou se sauver lui-même). L'accomplissement survient généralement au terme d'un parcours chargé d'événements allégo-

166

riques et fortement signifiants : alors l'aventurier peut enfin regagner son foyer où il connaîtra la paix et une harmonie plus profonde. Constellées d'intelligence et d'enseignements habilement déguisés, ces légendes sont rabâchées et ressassées jusqu'à imprégner l'esprit et le coeur de leurs auditeurs. Parfois, la réalité perd de sa clarté et des interprétations erronées peuvent émerger : la vérité alors ne fait que s'assoupir. Quand le temps sera venu et que les significations originelles auront réapparu, les contes mythologiques seront à nouveau considérés pour ce qu'ils sont : des leçons de sagesse.

De nombreuses cultures ont bâti des temples en se fondant sur une idée de l'espace qui traduise en miniature sinon le cosmos du moins quelque mythe de la création laissant apparaître le divin. Les cathédrales, les mosquées, les synagogues et les églises incorporent toutes, dans leur conception, des ingrédients destinés à renforcer le sentiment de dévotion des fidèles. Si tant de gens disent avoir traversé des états de plénitude en évoluant dans ce genre d'espace sacré, ce n'est pas un hasard. L'acoustique, les couleurs, la lumière et mille éléments cachés contribuent à cette expérience sans cesse renouvelée au fil des siècles, si versatiles soient les époques : à un certain moment, tous les canons sont déterminés soigneusement par la religion, puis le temps passe et les préceptes tombent dans l'oubli. On ne sait plus, alors, comment édifier un lieu de culte. La présence permanente des grands témoignages du passé aura évité que se perde à jamais cette connaissance très particulière. Car les clés sont bien là. Scellées dans la pierre, enchâssées dans la forme.

La forme spiralée de la mosquée de Samarra en Irak (IXᵉ siècle) matérialise la montagne sacrée, l'expansion et l'évolution de la conscience, l'ascension vers la flamme de la sagesse.

La descente en spirale des cercles concentriques de *L'Enfer* de Sandro Botticelli (1446–1510), d'après *La Divine Comédie* de Dante.

SYMBOLES DE PERFECTION ET DE SAGESSE DIVINE

L'œil sacré d'Horus, en Égypte, symbole de fertilité, de mort et de renaissance sur la grande roue du voyage de la vie

Cette tablette de pierre babylonienne en forme de rectangle d'or dépeint la relation divine qui unit les hommes et leur Créateur.

Le langage des mains – *mudras* – revient régulièrement dans la sculpture et la peinture boud-dhistes. Il est le plus souvent usité pour indiquer certains aspects spécifiques de la nature du Bouddha. Cette gestuelle narrative s'est développée sur des milliers d'années, comme un langage symbolique chargé de véhiculer des concepts spirituels complexes.

Cette pleine page qui ouvre *Le Livre de Durrow* (Irlande), recueil d'Évangiles enluminé du VIIe siècle, proposait aux lecteurs une méditation préparatoire à l'édifiante lecture des Écritures. Composées d'une seule ligne ininterrom-pue, ces spirales celtiques expriment la continuité de la création et de la dissolution du monde.

LES FORMES SACRÉES DU NOMBRE D'OR

En démêlant les mystères du nombre d'or, nous avons vu surgir différentes configurations : les spirales d'or, les rectangles d'or, les triangles d'or et les pentagones sacrés. Elles sont toutes manifestes dans les œuvres de l'art, de la nature ou de la science, en une tapisserie sophistiquée tissée de révélations spirituelles et de lois divines applicables à la proportion.

Le nombre d'or est un symbole universel de perfection et de beauté. Lorsqu'il apparaît dans une œuvre d'art sacré sous l'un de ses avatars, c'est comme si nous étions invités à faire l'expérience d'un état d'harmonie supérieur. Souvent alors, nous ressentons comme une présence, troublante et immédiate. Beaucoup se sentent différents après cette expérience, sans toujours savoir très bien dans quelle mesure. D'autres ressentent une attraction, mais en ignorent la source. C'était là, justement, l'intention des créateurs d'ouvrages sacrés : activer les symboles, les sons, les canevas qui sont profondément incrustés dans le psychisme humain ; en prendre soudain conscience, c'est déjà, jusqu'à un certain point, se transformer.

La magie, pas plus que la divination, n'a engendré l'art sacré. Il est le fruit d'un profond savoir et d'une discipline stricte. Si l'art sacré, l'architecture, la musique et la poésie figurent parmi les accomplissements les plus élevés de la nature humaine, c'est pour avoir été conçus avec le projet délibéré d'élever le niveau de conscience des hommes. Ils touchent les centres les plus subtils du corps, ouvrent le cœur à des perceptions d'« outre-monde ». Ils ont recours à ce quelque chose d'intangible, nommé beauté, pour créer des moments d'admiration pure.

La beauté, nous savons tous la reconnaître : c'est quelque chose d'indéfinissable mais de transcendant, d'intemporel et d'immortel. La beauté est une expérience du ressenti. Elle ne peut pas être écrite

La cathédrale de Chartres, bâtie en forme de croix, est orientée selon un axe Sud-Ouest/Nord-Est et son autel tourné vers l'Orient, où se lève la lumière. De très nombreux détails y sont inspirés par les canons de la proportion. Sur cette statue, le coin inférieur de la Bible touche l'abdomen du Christ, et le coin supérieur son cœur. La Bible elle-même emprunte la forme d'un rectangle d'or qui relie les centres du corps subtil.

comme elle le devrait. Nous la voyons, nous la percevons, l'entendons, la connaissons – mais nous voilà perdus dès qu'il s'agit de l'exprimer avec les mots appropriés.

L'architecture parfaitement proportionnée est naturellement l'une des manifestations les plus importantes et les plus puissantes du nombre d'or. Dans son présent état de gloire effondrée, le Parthénon parvient encore à transmettre un message que seuls les aveugles – et ce n'est même pas sûr – ne peuvent ni voir ni sentir. Les cathédrales du Moyen Âge expriment un respect pour les lois de la proportion bien oublié des bâtisseurs d'aujourd'hui. La société qui les a érigées se réalisait à travers leur création ; leurs pierres racontent l'histoire de ce temps, de ces efforts, de cet amour dédiés à la réalisation d'une œuvre d'éternité pure.

NOMBRE D'OR ET TOTALITÉ

Le nombre d'or est une expression de notre relation au tout. L'un des grands paradoxes de la tradition occidentale, c'est sa foi dans l'unicité de Dieu et à l'unité de l'existence, dans un monde de multiplicité. Le problème, dès lors, c'est que nous sommes d'une certaine manière séparés du reste de la vie.

Avant qu'Aristote ne théorise l'enchaînement des causes et des effets, les philosophes mystiques grecs tels que Pythagore, Héraclite, Socrate et son disciple Platon avaient évoqué un univers où toutes les choses ne feraient qu'une.

> *Une chose naît de toutes choses,*
> *et d'une chose naissent toutes*
> *choses.*
>
> HÉRACLITE, FRAGMENT 10

La cathédrale de Chartres fut édifiée entre 1194 et 1260. On n'en connaît pas l'architecte mais jamais nef, auparavant, n'avait eu tant d'ampleur. Nul ne sait comment ses bâtisseurs ont calculé son envergure, ni ce qui les a convaincus de la validité de leurs plans. L'intérieur de la cathédrale a été conçu en suivant fidèlement le dessin d'une étoile à cinq branches – et la « divine proportion ».

Sur ce point, les textes des grands maîtres sont faciles à comprendre mais, quand il s'agit d'Héraclite dont les enseignements ont été si mal conservés, il est souvent facile de se tromper d'interprétation : Héraclite en effet ne nous a pas comme Euclide légué un théorème mathématique, mais une vérité existentielle. Là où Euclide considérait le nombre d'or comme le résultat d'une progression logique de la réflexion, Héraclite, en précurseur, l'exprima comme une loi dont il possédait, en son for intérieur, l'intuitive connaissance.

HÉRACLITE

Héraclite, qui vécut à la fin du VIe siècle avant notre ère, est le penseur mystique le plus important de la Grèce antique, jusqu'à Socrate et Platon. Ses enseignements ont peut-être même été plus déterminants que les autres dans la formation de l'esprit occidental. Il proposa en effet un modèle de la nature et de l'univers qui servit de base à toutes les spéculations ultérieures sur le sujet. Selon lui, tout est constamment en train de changer. Et la réalité se détermine d'après un *logos* sous-jacent (le terme *logos*, qui signifie d'abord la parole ou le langage, et partant, la raison, doit être ici entendu comme mode d'organisation, façon d'être : proportion).

Il reste très peu des travaux d'Héraclite, sinon quelques fragments cités par d'autres auteurs grecs qui ne nous donnent qu'un aperçu de qui il était et de ce qu'il enseignait. Ces passages sont terriblement difficiles à lire, non seulement parce que privés de leur contexte mais aussi parce qu'Héraclite, de manière apparemment délibérée, cultivait un style hermétique qui lui valut d'ailleurs le surnom, parmi les Grecs, de *skoteinos* : l'obscur, le sombre, l'énigmatique.

Héraclite vivait à Éphèse, une grande cité sur la côte ionienne de l'Asie mineure (dont les ruines sont aujourd'hui visibles à Selçuk, en

La Mort de Socrate (Jacques-Louis David, 1748–1825)

Socrate (469–399) n'a pas laissé de traces écrites : on le connaît surtout par les *Dialogues* de Platon. C'était un personnage renommé et controversé que les moqueries des dramaturges athéniens n'épargnaient pas. Platon, toutefois, l'a dépeint comme un homme d'une grande profondeur, intègre, maître de lui et brillant débatteur. Socrate avait soixante-dix ans quand on le traîna en justice, pour le crime d'impiété ; un jury le condamna à la mort par empoisonnement – probablement la ciguë. Platon lui consacra son *Apologie* (du mot grec signifiant « défense »), transcription du discours tenu par Socrate lors de son procès en réponse aux charges pesant sur lui. L'accusé y évoque la nécessité d'agir toujours en fonction de ce que l'on croit juste, fûtce en affrontant une adversité universelle, et de cultiver la sagesse, même dans l'opposition.

Turquie). Il n'était pas le plus sociable des individus. Diogène Laërce rapporte qu'il refusa de participer à la vie publique et qu'il considérait ses concitoyens et la constitution de la ville avec dédain. Il finit par quitter Ephèse et s'en alla errer dans les montagnes où il se nourrissait de plantes sauvages. Il ne revint qu'après être tombé malade, et mourut peu après.

Si l'on en croit Diogène, Héraclite a volontairement « opacifié » son œuvre philosophique afin que seuls pussent la comprendre des lecteurs sincèrement désireux de se connaître vraiment. Il plaça l'un de ses travaux, qu'il intitula *De la nature*, dans le temple d'Artémis à Ephèse. L'œuvre n'a pas survécu, toutefois il en reste heureusement quelques extraits cités çà et là. C'est peut-être une histoire inventée, mais Diogène raconte qu'Euripide donna à Socrate, pour qu'il le lise, l'un des ouvrages d'Héraclite. Lorsqu'on lui demanda son opinion, Socrate répondit : « *La partie que je comprends est remarquable, et c'est aussi le cas, sans doute, de la partie que je ne comprends pas ; mais seul un plongeur de Délos peut y descendre au fond.* » Les pêcheurs de l'île de Délos étaient réputés pour leur aptitude à la nage en eaux très profondes, où ils allaient arracher leurs éponges aux fonds marins. En vérité, dans les abysses où nous mène l'enseignement d'Héraclite, il n'y a finalement rien de plus à découvrir que l'impératif « Connais-toi toi-même » de l'oracle de Delphes.

> *Il est sage d'écouter non pas moi-même mais le logos,*
> *et de confesser que toutes choses sont un.*

HÉRACLITE, FRAGMENT 50

Le *logos* d'Héraclite est ce que Lao-Tseu en Chine appela le *tao*, et les sages védiques le *rit*. Le mot sanscrit *rit* ou *rta* est dérivé de la racine *ar*, qui signifie « aller bien ensemble, être harmonieusement accordé ». Le terme *rta* évoque une rythmique ou une roue parfaitement équilibrée, tournant régulièrement et sans à-coups. On le

Diagramme du faîte suprême (ou Taijitu), à l'origine nommé *Diagramme de l'infini*, symbole taoïste du yin et du yang (Zhang Huang, 1623).

Le Tao qui peut être énoncé n'est pas le vrai Tao
Tous les noms qu'on peut lui donner ne
sont pas son vrai nom
Ce qui préexistait à la Terre et au ciel, c'est le Tao.
Le Tao est la mère de toutes choses.
Les sages sondent son mystère,
Et le découvrent fait de contraires.
Les contraires naissent de la même source
Et sont semblables en tout sinon en nom.
Le mystère des contraires est si profond,
Que le percer à jour
C'est ouvrir la porte du Tao.
LAO-TSEU, TAO TE CHING

L'Oracle de Delphes

Depuis l'âge d'or de la pensée classique, le monde occidental a poursuivi sa course. La connaissance et la logique ont su percer bien des mystères, et lever les voiles de la superstition. Volant d'une découverte à l'autre, la science nous a aidés à comprendre ce que les maîtres spirituels n'ont jamais cessé de savoir et d'enseigner : la vérité est un phénomène intérieur.

« *Connais-toi toi-même* », dit l'oracle de Delphes. Ses origines remontent à la mythologie grecque, qui évoque une bataille entre divinités du ciel et de la Terre. Apollon

Vestiges du temple de Delphes (début du IVe siècle av. J.-C.), le site de l'oracle

encore enfant se serait emparé du vieux sanctuaire connu sous le nom de Pytho, défendu par un terrible serpent (python). Apollon tua le reptile puis se métamorphosa en dauphin pour aller dérouter un navire et faire de ses marins les prêtres du nouveau temple, dédié à son propre culte ; c'est ainsi que Pytho devint Delphes. Apollon y donnait ses oracles par l'intermédiaire d'une vieille femme respectable, la Pythie, ou Pythonisse, qui siégeait dans une crevasse sur la peau du serpent mort. Les vapeurs montant de l'animal en décomposition la plongeaient dans une transe qui permettait à Apollon de prendre le contrôle de son esprit. Elle parlait alors en vers et formulait ses prophéties.

Connais-toi toi-même, ne présume pas de scruter Dieu ;
L'étude qui convient aux humains, c'est l'homme.
Placé sur l'isthme de son état intermédiaire,
Etre à la sagesse obscure et à la grandeur fruste,
Avec trop de savoir pour son côté sceptique,
Avec trop de faiblesse pour son orgueil stoïque,
Il balance entre les deux, ne sachant s'il doit agir ou rester en repos,
Ne sachant s'il doit se considérer comme un dieu ou une bête,
Ne sachant s'il doit préférer son esprit ou son corps,
Né seulement pour mourir, et raisonnant seulement pour s'égarer ;
Egalement ignorant, car ainsi est faite sa raison,
Qu'il pense trop ou trop peu ;
Chaos de pensées et de passions toutes confondues
Toujours trompé par lui-même, ou détrompé ;
Créé moitié pour s'élever, moitié pour tomber ;
Tout-puissant seigneur de toutes choses, et pourtant proie de toutes ;
Seul juge de la vérité, précipité dans l'erreur sans fin :
Gloire, risée, énigme du monde !
ALEXANDER POPE (1688–1744),
UN ESSAI SUR L'HOMME, ÉPITRE II

Le Sri Yantra, l'un des yantras les plus anciens, les plus purs et les plus puissants. Le mot yantra signifie «instrument»; un yantra est comparable à un talisman ou à une amulette. La civilisation védique, comme tant d'anciennes cultures, se servait, pour représenter ses dieux, de figures géométriques correspondant aussi à certaines vibrations sacrées.

retrouve dans le *harmos* grec (harmonie) et dans le *ars* latin, racine du mot art.

INSPIRATION CRÉATRICE

Inspiré par le *logos*, l'art est de nature divine. Les sages védiques se considéraient déjà comme des artistes universels qui, au même titre que les dieux qu'ils adoraient, contribuaient au bon ordonnancement des choses et ainsi à la création de la réalité qui les enveloppait.

Entre 1000 et 700 avant notre ère, alors que leurs premiers enseignements commençaient à être rassemblés, ils prétendaient être capables de créer de nouveaux mondes par la seule entremise de leurs rituels sacrés. Ces êtres éclairés protégeaient leurs retraites dans des zones difficilement accessibles. Leurs chants renfermaient des secrets de transformation et leurs méditations ont suscité une religiosité encore vivace aujourd'hui, qui continue d'animer l'une des nations les plus paisibles qui soient.

Parce qu'ils présageaient peut-être que les officiants des liturgies à venir ne seraient pas toujours à même de décrire l'essentiel avec la justesse appropriée, les anciens mystiques ont transcrit certains principes en termes très concrets. Ils ont, comme les récolteurs de miel du Sarmoun Darq, ciselé leurs instructions dans des textes sacrés et dans de magnifiques concepts symboliques, sous des formes capables de résister aux ravages du temps.

La puissance procréatrice masculine, souvent assimilée au dieu Shiva, était exprimée par un *linga*, un phallus sacré symbolisé par un triangle pointant vers le ciel. La puissance féminine, Shakti, prenait la forme du *yoni*, la matrice sacrée, tournée vers la terre. Un diagramme appelé *yantra* représentait l'union créatrice de Shiva et de Shakti.

Les manuels de méditation, bien plus tard, enseigneront des méthodes permettant de visualiser ce diagramme et d'autres yantras. Ayant ainsi accès à des puissances profondément enfouies en eux, les méditants sont invités à extérioriser leur conscience, à la mettre au monde. Cet exercice leur permet de s'identifier si profondément à l'objet extérieur que la dichotomie du sujet et de l'objet se dissout. Quand cela survient et que tout s'accorde en une harmonie où les contraires se rejoignent, où les polarités disparaissaient, où tous les paradoxes sont résolus et les contradictions dissipées, ces méditants ont alors le pouvoir de changer la réalité objective en modifiant le sujet intérieur. À eux, alors, de projeter vers l'espace vide les innombrables bouddhas et bodhisattvas qui sommeillent au plus profond de leurs cœurs, comme le ferait un peintre d'une image vers sa toile ou un mur.

Il n'est pas de texte qui nous détaille leur philosophie, mais nous savons que la profonde sagesse des Égyptiens était profondément inspirée par les premiers philosophes grecs. Nous ignorons en quels termes ou par quelle technicité ils exprimaient leur savoir, cependant les gigantesques monuments qu'ils ont su édifier sont certainement le fruit d'une intense vibration intérieure et d'une aptitude éprouvée à faire appel à leur force intérieure, lorsqu'il s'est agi de réaliser ces extraordinaires œuvres d'art et d'architecture.

Un récit tibétain raconte qu'un jour mille princes se rassemblèrent et firent le vœu de parvenir à l'état de bouddhas illuminés. L'un d'entre eux, Avalokiteshvara (ou Chenresi), promit d'attendre que tous les autres princes fussent arrivés à l'illumination avant de les imiter. Il passa ainsi des lustres à contempler l'accomplissement de bien d'entre eux, mais pour un prince qui atteignait le nirvâna, il s'en trouvait davantage encore qui sombraient dans l'attachement ou la cupidité. Voyant ce processus s'éterniser, le prince fut submergé de chagrin et perdit même la foi. À cet instant son corps explosa en mille fragments. Appelés à l'aide, tous les bouddhas le raccommodèrent immédiatement. Éclairé par cette expérience, Avalokiteshvara («*le Seigneur qui regarde en bas en direction de la misère du monde*») reformula son vœu et jura d'attendre la libération de chaque conscience individuelle; il savait que dès lors, il n'en finirait jamais d'attendre. Avalokiteshvara est un bodhisattva: un éveillé, au service des autres.

SPIRALES, VOYAGES ET DANSES

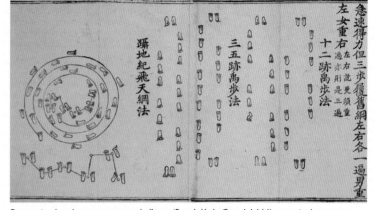

Danse simulant les mouvements de l'ours (Pas de Yu le Grand, 1444), extrait du canon taoïste de l'ère Zheng tong (dynastie Ming, Chine). La danse sacrée représentée par ce diagramme a la forme d'une spirale.

Bhairava (Shiva) est le Seigneur de la danse cosmique, il exhorte le cœur de ses dévots à s'ouvrir à la manière de la coquille de nautile qu'il tient dans la main. Cette coque sacrée est l'un des instruments par lesquels il a commencé à créer le monde ; sa spirale d'or est plus qu'un symbole d'éternité : elle est la véritable «forme» de l'énergie qui habite nos propres corps.

Le sinueux *Voyage du pèlerin* raconté par John Bunyan (1628–1688) dans son roman allégorique se déploie en spirale : au gré d'étapes successives, il propose à la conscience qui s'ouvre une succession de situations et d'épreuves récurrentes.

C'est le poète persan Jalâl-al-Dîn Rûmî qui inspira la danse tournoyante des derviches soufis. Une légende conte l'histoire d'un marchand assis dans une modeste échoppe ; de sa main
gauche, il tirait un brin de laine d'une pelote qui le surplombait. Il tournait la laine jusqu'à obtenir un brin plus épais qu'il enroulait ensuite, de la main droite, autour d'un grand fuseau.
Ses mouvements étaient d'une parfaite fluidité et tandis que la laine tournait il chantait *la
illaha illa'llah*. Le moindre geste heurté de sa part et la fibre se serait cassée : il aurait alors
dû tout recommencer.

La danse des soufis est un rituel d'amour sacré et d'extase mystique. La mélodie instrumen-
tale – flûte, violon, timbale, cymbales – s'accompagne d'une mélopée dont les paroles, et
même chaque syllabe, la scandent exactement. On dit que cette musique se passe de notes
car, écrit Rûmî, « les notes ne font pas de place à l'âme du derviche ».

Derviches est le nom que l'on donne à ces danseurs vêtus de blanc capables de tourner
ainsi sans fin et sans effort apparent. Ils accomplissent d'abord trois tours de la piste, les
trois sphères de la science, de l'intuition et de l'union, conditions de la libération de l'être.
Puis tournoient en spirale, en appui sur le pied gauche et se servant du droit pour pivoter
sur leur axe comme les planètes autour du soleil. Ils ont la tête inclinée, la paume droite
tendue vers le ciel et la gauche vers la Terre, le cœur transmettant de l'une à l'autres de
tourner ainsi sans fin et sans effort apparent.

Comme ondoie sur ma tête la spirale sans fin,
Ondulez et tournez dans la danse sacrée.
Aussi danse O mon coeur sois cette sphère tournoyante
Brûle-toi à cette flamme – n'est-il pas la bougie ?

JALÂL-AL-DÎN RÛMÎ

Bas-relief grec représentant deux danseurs
évoluant aux accords d'une double flûte.

PLATON ET SA CONCEPTION DU RAPPORT SACRÉ

Si l'on en croit le Livre II des *Lois* de Platon, les rapports sacrés faisaient l'objet d'études de la part de tous ceux qui devenaient prêtres ou pratiquaient l'un des arts influents. On ne sait si les rapports sacrés en question avaient un rapport précis ou lointain avec le nombre d'or, mais c'est leur étude, explique-t-il, qui permit aux premières civilisations de conserver cohésion et probité pendant des milliers d'années.

Dans une conversation relatée par Platon, un philosophe athénien évoque l'influence de la musique et de la danse sur la personnalité des jeunes gens. Il fait référence à l'Égypte qui, dit-il, légiférait avec rigueur sur le sujet. De fait, à l'époque de Platon – le quatrième siècle avant Jésus-Christ –, les Égyptiens étaient les seuls à posséder un socle de connaissances conséquent sur ces proportions sacrées.

> « On a depuis longtemps, ce me semble, reconnu chez eux ce que nous disions tout à l'heure, qu'il faut dans chaque État habituer les jeunes gens à former de belles figures et à chanter de beaux airs. Aussi, après en avoir défini la nature et les espèces, ils en ont exposé les modèles dans les temples, et ils ont défendu aux peintres et à tous ceux qui font des figures ou d'autres ouvrages semblables de rien innover en dehors de ces modèles et d'imaginer quoi que ce soit de contraire aux usages de leurs pères ; cela n'est permis ni pour les figures ni pour tout ce qui regarde la musique. En visitant ces temples, tu y trouveras des peintures et des sculptures qui datent de dix mille ans (et ce n'est point là un chiffre approximatif, mais très exact), qui ne sont ni plus belles ni plus laides que celles que les artistes font aujourd'hui, mais qui procèdent du même art. »

Puis, à son interlocuteur qui s'étonne :

*« Oui, c'est un chef-d'œuvre de législation et de politique.
On peut, il est vrai, trouver en ce pays d'autres lois qui
ont peu de valeur ; mais pour la loi relative à la musique,
il est vrai et digne de remarque qu'on a pu en cette matière
légiférer hardiment et fermement et prescrire les mélodies
qui sont bonnes de leur nature. Mais ceci n'appartient
qu'à un dieu ou un être divin ; aussi l'on dit là-bas que
les mélodies conservées depuis si longtemps sont des œuvres
d'Iris. »*

Apollon, dieu du Soleil, apporte la lumière. Couronné par les spirales d'or de ses rayons, qui imitent le dessin d'un tournesol, il représente un principe latent de régénération de l'univers.

Du temps de Platon, les formes musicales authentiques étaient tombées en désuétude partout, sauf dans les académies égyptiennes où lui-même, à l'évidence, les avait étudiées. L'essor de la démocratie aux dépens de la théocratie s'était accompagné d'un allègement des contraintes entourant la musique sacrée, laquelle déclinera plus encore quand les chrétiens s'opposeront à l'étude des sciences païennes. C'est ainsi que se perdit un patrimoine de première importance, à l'exception du peu qu'en aura préservé l'esprit grec. Une fois éteintes la grande civilisation égyptienne et la merveilleuse intelligence qui prospéra en Grèce continentale, la sagesse antique et les vérités éternelles connurent une sérieuse chute d'intérêt. Les traditions qui les avaient maintenues en vie furent remplacées par une ferveur nouvelle et bien différente.

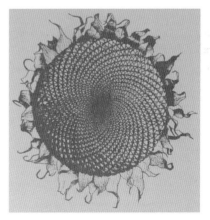

L'EXPÉRIENCE DE L'UNI

Aux yeux des premiers mystiques grecs, l'expérience existentielle de l'unité était capitale. Ils faisaient peu – ou pas – de distinction entre esprit et matière. Selon Aristote – et avant les théories aristotéliciennes sur la logique empirique –, Héraclite postulait que « tout l'univers est rempli d'âmes et de dieux ». Platon lui fera écho en soutenant que « toutes les choses sont remplies des dieux ». D'après

Dans l'étreinte divine qui unit leurs cœurs, l'amoureux et sa bien-aimée ont fusioné et ne font plus qu'un.

Aristote toujours, Thalès de Milet pensait que « l'âme est enchevêtrée avec l'univers tout entier ».

Les expériences orientales de l'unité n'ont jamais cessé d'exprimer la même évidence. Écoutons Hussein ibn Mansur al-Hallaj (857–922), mystique et martyr soufi du Sud de la Perse :

Dans cette gloire il n'est ni « je », ni « nous », ni « Toi ».
« je », « nous, »Toi« , »il« et »elle« ne font qu'un. »

JALÂL-AL-DÎN RÛMÎ (1207–1273), poète soufi, évoque dans sa métaphore Dieu comme le bien-aimé.

Tous les oiseaux du paradis aux plumages scintillants
Ont le cœur consumé d'envie
En ce lieu où nous reposons,
Toi et moi,
C'est la plus grande des splendeurs,
Que d'être ainsi assis ensemble ici,
Sous le même ombrage, en ce moment,
Toi et moi.

FAKHRUDDIN IRAQI (1213–1289), également soufi :

De qui es-tu le bien-aimé ? ai-je demandé,
Toi qui es d'une beauté si insupportable ?
De moi-même, répondit-il,
car je suis un et unique,
L'amour, l'amant et l'aimé,
Le miroir, la beauté, le regard.

La proportion, l'un des sens du *logos* grec dont parlait Héraclite, exprime cette symétrie enchevêtrée – une harmonie au sein de laquelle les différences s'unifient au lieu de se séparer ou de se polariser – comme elles le feront par la suite. Ils ne disposaient certes pas de la logique mathématique qui est aujourd'hui la nôtre, mais les premiers Grecs ont vite compris que dans cette relation – la proportion – les disparités faisaient partie du tout. Le *logos* était pour eux une expérience, pas un concept ; un apparentement englobant à la fois l'observateur et l'observé.

LOGOS ET MUSIQUE

L'expérience du *logos* reflétait naturellement ce que les Grecs comprenaient intuitivement de la musique ; parce que la musique, c'est l'harmonie. L'harmonie est la musique : l'expression la plus naturelle des lois mathématiques découvertes par les pythagoriciens, et si importante, à en croire leur enseignement métaphysique.

Il existe une théorie selon laquelle les premiers chrétiens, quand ils évoquaient le *logos* ou « la parole », se référaient en fait à la musique. On peut lire dans le Nouveau Testament qu' « Au commencement était la parole, et la parole était avec Dieu, et la parole était Dieu » (Jean, 1,1). On peut entendre ces mots de bien des façons. Il est en tout cas intéressant de remarquer que là où nous lisons « parole », le texte grec emploie *logos*.

> *« Tous les plans de l'existence sont ici concernés. Cela ne signifie pas seulement que l'âme est emplie de musique : une fois que vous avez entendu la musique intérieure, votre esprit en est empli, votre cœur en est empli, votre corps en est empli, toutes les couches de votre être en sont emplies. Une fois que vous l'avez connue, cette musique, non seulement vous l'entendez au fond de vous, mais elle vous entoure. Vous l'entendez dans le chant des oiseaux, dans le souffle du vent dans les arbres, dans les vagues qui se brisent sur les rochers. Vous l'entendez partout où il y a un son, partout où règne le silence. La plus grande musique*

La tranquillité inspirée de ce harpiste aveugle (tombeau de Paatenemheb, Égypte, v. 1330 av. J.-C.) suggère que la musique est, par essence, une réponse directe aux harmonies de la proportion.

MACROCOSME ET MICROCOSME

La cosmogonie hindoue, dans les Upanishads, évoque les deux faces de Brahmâ – d'un côté l'être, la conscience et la félicité (*satchitananda*), de l'autre le monde qui est le nôtre (*mâyâ*) : la matière, la vie, le mental, les apparences. Ciel et terre, manifesté et non-manifesté : les deux visages de notre être, les deux fragments de l'œuf d'or.

Brahmâ créa mâyâ afin de faire la délicieuse expérience de sa propre création. Mâyâ est la mère du monde, ou grande matrice, dont est issu l'œuf d'or. Quand Parabrahmân, à la fois être absolu et non-être, pénètre la matière à l'état de semence (*prakriti*, la cause primordiale) et oublie qui il était, il conserve néanmoins une mémoire dans l'*âtman* (la suprême demeure), au plus profond de lui et au sommet de sa tête. Lorsque Parabrahmân quittera le monde de Mâyâ et de l'illusion, il pourra ainsi reprendre conscience de son identité et de ses limites. Son but est d'unir en lui toutes choses, aussi développe-t-il à cette fin une relation consciente au divin : il répartira alors en juste proportion les éléments nécessaires à l'échange énergétique entre ce monde et l'autre, car il détient le pouvoir de libérer les énergies basses et de les exhausser.

Par la découverte de sa vraie nature et par l'action juste, il lui est donné de fusionner ici-bas avec ses véhicules supérieurs. Par la juste utilisation de l'énergie, il gravira les sommets de la béatitude et atteindra aux délices du Soi.

L'homme, microcosme du macrocosme (Hildegarde de Bingen, 1098–1179)

La peinture d'Hildegarde, visionnaire, médecin, musicienne, montre le corps humain au sein du cosmos, et le cosmos qu'abrite le corps humain. Ils sont constitués l'un de l'autre, comme elle l'explique :

Dieu a créé l'être humain d'après la forme de l'univers, d'après le cosmos lui-même, juste comme un artiste se servirait pour faire ses vases d'un moule particulier.

Elle décrit cette image :

J'ai vu – regardez ! – les vents d'Est et du Sud, avec les vents annexes, animer le firmament en bourrasques puissantes et imprimer en lui un mouvement circulaire du Levant au Couchant.

Le souffle et l'esprit ont la même racine. Hildegarde explique comment « inspirer » et « expirer » le « souffle du monde ». Elle décrit l'univers comme un organisme, un corps individué, vivant et respirant.

au monde n'est rien d'autre que l'écho de cette musique intérieure. »

RAJNEESH OSHO (1931–1990), MYSTIQUE INDIEN

L'ardeur des premiers mystiques reposait sur le désir d'approcher la connaissance de soi, et ainsi, de Dieu. Les mathématiques firent office de langage : à travers elles, il devint possible d'exprimer l'harmonie. Et comme ces premiers mystiques ne l'ignoraient pas, la divinité et l'harmonie ne font qu'un. À leurs yeux, Dieu est Un. Comment la création pourrait-elle refléter le créateur, sinon par la proportion ?

Penchés sur le macrocosme ou sur le microcosme, ce que nous découvrons, c'est une existence en laquelle toute chose est parfaitement proportionnée.

Diviser l'unité est impossible. Nous ne pouvons pas davantage la saisir dans sa totalité, ni faire l'expérience de sa totale complexité. Mais percevoir la proportion permet de ressentir cette notion d'unité. Regarder et contempler des objets minuscules nous aide à voir avec davantage de clarté les choses plus vastes. L'observation des structures de l'infiniment petit (*minutia*) nous en apprend autant que l'observation des mondes immenses et de leurs arcanes. Et inversement.

LA CONNAISSANCE

Mais regarder, contempler, ce n'est pas tout. À un certain stade de progression, il nous faut laisser de côté certains aspects du savoir et pénétrer le monde de l'expérience. Les mystiques nous avertissent que le savoir est justement l'un de nos plus grands problèmes : il peut nous servir, et nous détruire. Lorsque nous faisons l'expérience de ce que nous apprenons, nous le retenons ; quand nous nous

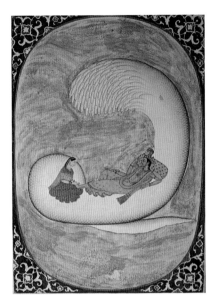

Vishnou le conservateur repose sur le serpent Shesha (ou Ananta, l'infini) enroulé en spirale dans l'océan primordial, au sein de l'œuf d'or. Alors qu'il dort profondément, un lotus éclot à son nombril et de sa fleur jaillit Brahmâ le créateur, prêt à vivre cent ans. Dans son sommeil, Vishnou voit tout. Dès que Brahmâ en a fini avec une de ses vies, le lotus se referme et Vishnou cesse de rêver. Une année de la vie de Brahmâ dure 360 jours et autant de nuits. Chaque jour est une *kalpa*, qui s'étend sur 4 320 000 années humaines. Les nuits sont aussi longues que les jours, mais totalement silencieuses. La fuite du temps suscite une lente et irréversible détérioration de l'ordre cosmique : la bonté s'estompe peu à peu et les hommes s'emplissent de désir et de méchanceté. Lorsque le monde s'est dégradé au-delà de toute possibilité de salut, Shiva le destructeur se charge de l'anéantir.

Bouddha

contentons de simples copies issues des labyrinthes obscurs qui servent d'esprit aux autres, nous nous faisons l'offense de croire que nous savons.

Il y a de très beaux récits zen qui parlent de ces moines partis en direction de leurs maîtres avec au cœur le pur désir d'expérimenter d'authentiques états de conscience. Encore, et encore, ils sont mis à l'épreuve. Et puis un jour, ça arrive. Dans un moment d'indescriptible simplicité, l'archer lève son arc, le tend et fait l'expérience du vide absolu où l'Être véritable est au rendez-vous.

Ce sont ces espaces particuliers qui abritent la véritable inspiration. C'est là que se rencontre ce qui vaut vraiment la peine d'être rencontré. C'est là que réside l'amour et que s'épanouit la méditation.

Le bouddhisme raconte l'histoire de Gautama Bouddha, qui voyagea dans toute l'Inde pendant quarante ans, s'adressant à des groupes pieux rassemblés pour venir l'écouter. Dans l'une de ces réunions, le Bouddha apparut en tenant une fleur. La fiévreuse rumeur qui annonçait habituellement son arrivée monta en intensité car ce jour-là, d'abord, il ne parla pas. Il resta simplement assis en silence, sa fleur à la main.

Pour beaucoup, le silence devint de plus en plus difficile à supporter. D'autres le respectaient profondément. Finalement, un grand rire sonore et sincère jaillit du fond de l'assemblée. Bouddha chercha du regard l'origine de ce rire et, lorsque ses yeux croisèrent ceux de Mahakashyapa, il sourit. Se levant de son siège, Gautama se dirigea vers le moine hilare et lui tendit la fleur en disant : « *Ce qui devait être dit, je l'ai déjà dit. Ce qui ne peut pas être dit vient de nous être transmis par Mahakashyapa.* »

La fleur est l'éternel symbole des vérités transmises dans le silence. L'essence de ses parfums porte un message muet, son éphémère beauté trahit la condition transitoire de nos vies. Sa floraison elle-même témoigne de ce qui devient possible lorsque nous ouvrons la porte au divin. Les moines assis autour du Bouddha étaient tous déconcertés. Aucun n'avait jamais envisagé que Mahakashyapa pût être un homme important, aucun ne comprit ce qui avait ainsi provoqué son hilarité. Aucun, assurément, ne saura jamais ce qui s'est passé en ce matin tranquille, mais beaucoup se poseront la question.

La mystérieuse transmission des vérités transcendantes n'est facile à intégrer pour aucun d'entre nous. Ce qui se passe en cet instant parfait d'ouverture et de disponibilité, certains ont eu la chance d'y goûter. La plupart des autres en ont seulement entendu parler.

Rosace islamique

> « *J'ai vu mon seigneur avec l'œil de mon cœur,*
> *J'ai dit, ‹Qui es-tu ?›, il m'a répondu ‹Toi›.* »

HUSSEIN IBN MANSUR AL-HALLAJ (867–922),
POÈTE ET MARTYR SOUFI

> « *Aimer c'est me connaître,*
> *Ma nature la plus secrète,*
> *La vérité qui est moi.* «

LA BHAGAVAD GITA (Vᴱ SIÈCLE AV. J.-C.)

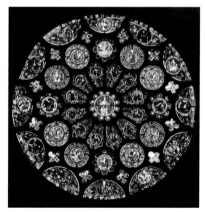

Rosace de la cathédrale de Chartres

Élevés du néant
Nous avons tournoyé
Et comme autant de poussières
Les étoiles dispersé
Les étoiles firent un cercle
Et au milieu du cercle
Nous dansons
JALÂL-AL-DÎN RÛMÎ

EN QUÊTE DE VÉRITÉ

Il n'y a nulle part où aller, et d'ailleurs, il n'y a rien à trouver. Voilà un truisme universel qui s'applique bien à la quête de vérité. Le sage taoïste Lao-Tseu (v. 604–531 av. J.-C.) ne dit-il pas que « *sans même regarder par la fenêtre, on peut voir le chemin du paradis* » ?

A contempler le nombre d'or pour essayer d'y déchiffrer un code d'importance universelle, nous découvrirons vite que nous n'avons pas besoin d'aller très loin. Les recoins et les fissures alambiqués que les biologistes, les botanistes, les physiciens et les mathématiciens explorent et décrivent pour nous sont aussi magnifiques que les œuvres des peintres, des musiciens ou des architectes. Derrière l'équation griffonnée par la nature et traduite par Euclide en termes formels, il semble n'y avoir qu'un miracle, insondable – dont nous faisons partie. Un vieil adage soufi explique comment Dieu, désireux de faire l'expérience de ce qu'Il avait Lui-même créé, s'est caché dans le cœur humain.

C'est la meilleure des places. Une cachette sans égale. De là, nous pouvons nous aventurer vers les étoiles les plus lointaines, ou nous retourner intérieurement et découvrir les mêmes mondes ; les mêmes formes, les mêmes principes, les mêmes inconnues, et les mêmes vérités. Notre guide ? Une proportion particulière, unique en son genre, qui soutient que le Tout est dans une relation parfaite aux parties qui le composent, car le Tout est à la plus grande de ses parties ce qu'est celle-ci à la plus petite. Cette proportion est divine. On l'appelle nombre d'or.

L'Échelle de Jacob, de William Blake

La voie du monde réel suit une spirale céleste. Anges ascendants et descendants y marquent l'élévation de l'âme humaine et l'accueil en retour de la divine sagesse. À chacun de nos pas nous gravitons autour de notre centre, plus proches ou plus distants selon ce que nous avons compris de nous-même. Comme autant de segments de la spirale d'or, chaque nouveau palier représente une modification de conscience et exige une attention nouvelle.

$$\Phi = \frac{(1 + \sqrt{5})}{2}$$

1.61803339887 49

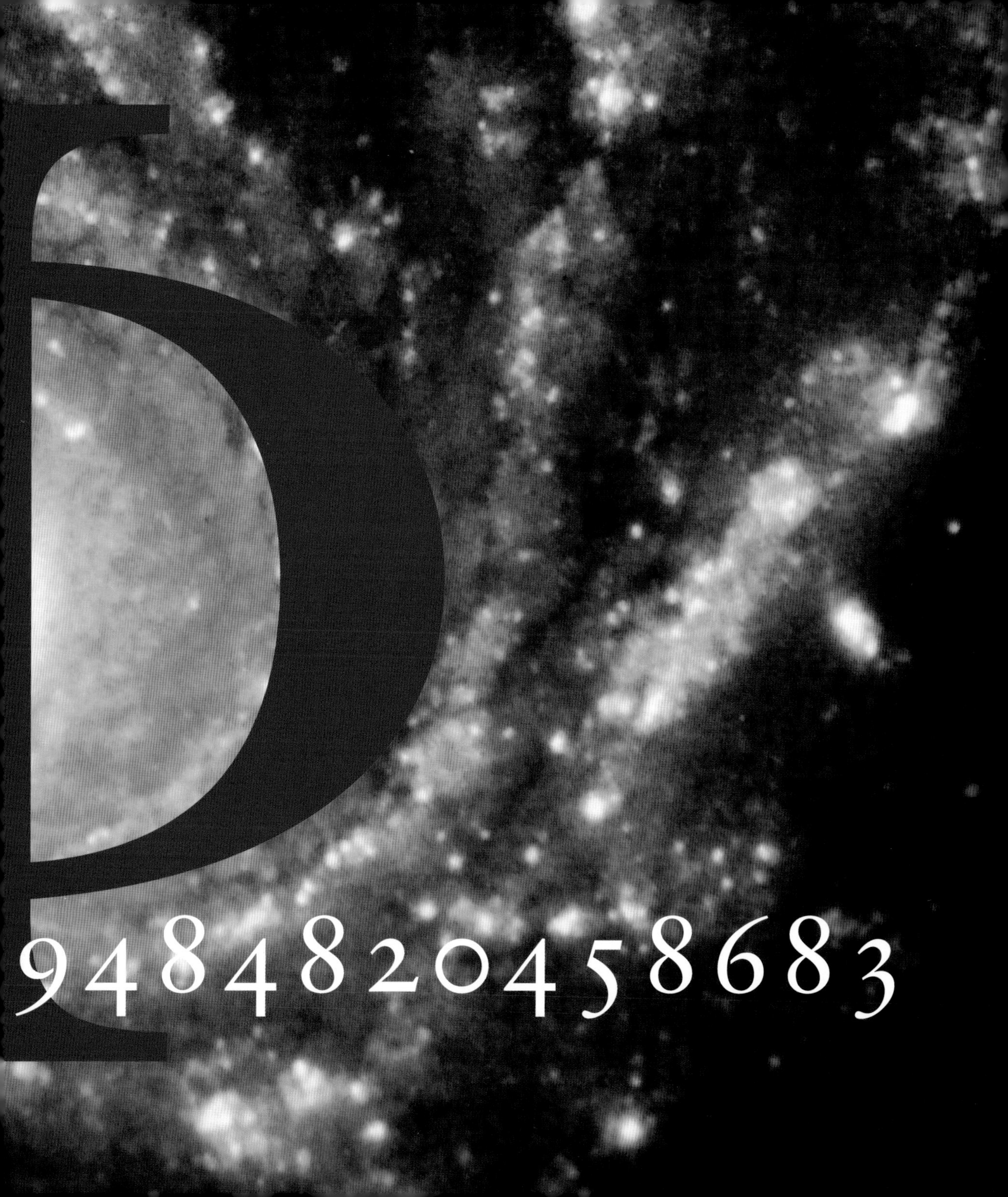
9484820458683

GLOSSAIRE

Divine proportion
La divine proportion, plus souvent appelée nombre d'or en français, est la valeur du rapport de deux grandeurs homogènes, en vertu duquel la plus petite peut être comparée à la plus grande exactement de la même manière que la plus grande au tout. Son expression mathématique est $(1 + \sqrt{5}) / 2$ soit 1,61803…

Division sacrée
La division sacrée (*sacred cut*) exprime la façon dont une droite ou une figure est partagée de telle sorte que les mesures en résultant sont proportionnelles à Φ.

Fractale
Les fractales sont des formes ou des comportements irréguliers produits de façon mathématique pour décrire des phénomènes qui échappent à la géométrie euclidienne : orages, arbres, nuages. Leur attribut le plus connu est l'autosimilarité, c'est-à-dire qu'elles portent leurs propres répliques, semblables à figure originale, et inversement : toute partie de l'ensemble, quelle que soit l'échelle utilisée, est identique à l'ensemble tout entier.

Nombres entiers
Les nombres entiers comprennent tous les nombres naturels et leurs opposés, y compris le zéro : … -3, -2, -1, 0, 1, 2, 3 …

Nombres irrationnels
Les nombres irrationnels sont des nombres réels qui ne peuvent s'écrire sous la forme d'un rapport de deux nombres entiers. Leur expansion décimale est infinie. $\sqrt{2}$, $\sqrt{3}$, $\sqrt{5}$ et Φ sont des nombres irrationnels.

Nombres rationnels
Les nombres rationnels peuvent s'exprimer sous la forme d'un rapport entre deux nombres entiers.

Phi
Phi (ou Φ, en grec) est le symbole mathématique du nombre d'or. Il a pour représentation décimale 1,6180339887499…

Proportion
La proportion est une comparaison de deux rapports qui indique la façon dont les deux rapports sont liés.

Racine carrée
La racine carrée d'un nombre est un nombre qui lorsqu'il est multiplié par lui-même est égal à ce nombre.

Racine cubique
La racine cubique d'un nombre est un nombre qui lorsqu'il est multiplié deux fois par lui-même est égal à ce nombre.

Rapport

Un rapport est une comparaison entre deux quantités. Le mot est issu du latin *ratio*, qui signifie calcul, estimation.

Rapport doré

Le rapport doré est une autre dénomination du nombre d'or, du juste milieu ou de la section d'or. On le rencontre pour la première fois, sous une forme mathématique, dans les *Éléments* d'Euclide : *« On dit d'une droite qu'elle est partagée entre extrême et moyenne raison lorsque le rapport de la ligne entière à son segment le plus grand est égal au rapport de ce plus grand segment au plus petit. »*

Rectangle d'or

Un rectangle d'or est un rectangle dont le rapport de la hauteur à la longueur est égal au nombre d'or. Si un côté a pour valeur 1, l'autre côté mesurera $(1 + \sqrt{5}) / 2$.

Sectio aurea

Sectio aurea est le terme latin pour section d'or.

Section d'or

La section d'or est une autre dénomination du nombre d'or, issue de l'expression latine *sectio divina*, employée pour la première fois par Luca Pacioli dans l'ouvrage *De divina proportione*, publié à Venise en 1509.

Spirale d'or

Une spirale logarithmique ou équiangle est une variété particulière de spirale fréquemment rencontrée dans la nature. La spirale d'or est une variante de cette spirale, basée sur le nombre d'or.

Suite de Fibonacci

Dans la suite ou séquence numérique de Fibonacci (0, 1, 1, 2, 3, 5, 8, 13, 21, 34, 55, 89, 144 ...), chaque nombre s'obtient à partir de la somme des deux termes qui le précèdent. Un graphique réalisé à partir des rapports de ces nombres tend à approcher les proportions du nombre d'or.

Tetraktys

Le tetraktys est une figure triangulaire composée de dix points répartis sur quatre rangées : un, deux, trois et quatre points sur chaque rangée. C'était un symbole ésotérique important pour les pythagoriciens, expression des quatre éléments : la terre, l'air, le feu, l'eau.

Triangle d'or

En géométrie, le triangle d'or est un triangle isocèle dont le rapport entre la base et le côté est égal à Φ. Les angles à sa base mesurent 72 degrés, et 36 degrés à son sommet. Il jouit d'une propriété unique : si on le partage en deux triangles plus petits, ce sont l'un et l'autre des triangles d'or.

BIBLIOGRAPHIE

Boles, Martha, et Rochelle Newman. *The Golden Relationship: Art, Math & Nature: Universal Patterns*. Bradford, MA : Pythagorean Press, 1990.

Conway, John H., et Richard K. Guy. *The Book of Numbers*. New York : Springer-Verlag, 1996.

Devlin, Keith. *Mathématiques, un nouvel âge d'or*. Paris : Elsevier-Masson, Sciences pures, 1997.

Durando, Furio. *La Grèce antique, l'aube de l'Occident*. Paris : Gründ, 1997.

Duruy, Victor. *Histoire des Grecs*. Paris : Hachette, 1874.

Ghyka, Matila. *Esthétique des proportions dans la nature et dans les arts*. Paris : Editions du Rocher, 1998.

Gies, Joseph, and Frances Gies. *Leonardo of Pisa and the New Mathematics of the Middle Ages*. Gainesville, GA : New Classics Library, 1969.

Guant, Bonnie. Beginnings : *The Sacred Design : A Search for Beginnings, and the Eloquent Design of Creation*. Kempton, IL : Adventures Unlimited, 2000.

Guedj, Denis. *L'Empire des nombres*. Paris : Gallimard, 1996.

Hawking, Stephen. *Sur les épaules des géants : les plus grands textes de physique et d'astronomie*. Paris : Dunod, 2003.

Heilbron, J. L. *Geometry Civilized : History, Culture, and Technique*. Oxford : Clarendon Press, 1998.

Herz-Fischler, Roger. *A Mathematical History of the Golden Number*. Mineola, NY : Dover Publications, 1987.

Huntley, H. E. *La divine proportion* in *Le Nombre d'or*. Paris : Seuil, 1995.

Ifrah, Georges. *Histoire universelle des chiffres*. Paris : Robert Laffont, Bouquins, 2001.

Kaku, Michio. *Hyperspace : A Scientific Odyssey Through Parallel Universes, Time Warps and the Tenth Dimension*. New York : Doubleday, 1994.

Lemesurier, Peter. *Decoding the Great Pyramid*. Shaftesbury, England : Element, 1999.

Livio, Mario. *The Golden Ratio : The Story of Phi*, the World's Most Astonishing Number. New York : Broadway Books, 2002.

Mankiewicz, Richard. *L'Histoire des mathématiques*. Paris : Seuil, 2001.

McDermott, Bridget. *Decoding Egyptian Hieroglyphs: How to Read the Secret Language of the Pharaohs.* San Francisco: Chronicle Books, 2001.

Michell, John. *The Dimensions of Paradise: The Proportions and Symbolic Numbers of Ancient Cosmology.* Kempton, IL: Adventures Unlimited, 2001.

Oakes, Lorna, et Lucia Gahlin. *Ancient Egypt: An Illustrated Reference to the Myths, Religions, Pyramids and Temples of the Land of the Pharaohs.* New York: Hermes House, 2002.

Pappas, Theoni. *More Joy of Mathematics: Exploring Mathematics All Around You.* New York: Wide World Publishing/Tetra, 1991.

———. *The Magic of Mathematics: Discovering the Spell of Mathematics.* New York: Wide World Publishing/ Tetra, 1994.

———. *The Joy of Mathematics.* San Carlos, CA: Wide World Publishing/Tetra, 2004.

Purce, Jill. *La Spirale mystique.* Paris : Médicis, 1994.

Rawson, Philip. *Tantra, le culte indien de l'extase.* Paris : Seuil, 1973.

Schimmel, Annemarie. *The Mystery of Numbers.* New York: Oxford University Press, 1993.

Schneider, Michael S. *A Beginner's Guide to Constructing the Universe: The Mathematical Archetypes of Nature, Art, and Science.* New York: HarperPerennial, 1995.

Sigler, L. E. *Fibonacci's Liber Abaci: Leonardo Pisano's Book of Calculation.* New York Springer-Verlag, 2003.

Sire Gauvain et le Chevalier vert, traduit par Juliette Dor, Paris, U. G. E. : 10/18, Bibliothèque médiévale, 1993.

Struik, Dirk J. *A Concise History of Mathematics: 4th Revised Edition.* New York: Dover Publications, 1987.

Sutton, Daud. *Platonic & Archimedian Solids: The Geometry of Space.* New York: Walker & Company, 2002.

Thompson, D'Arcy Wentworth. *Forme et croissance.* Nouvelle édition révisée. Paris : Seuil, Sources du savoir, 1994.

Toman, Rolf. *L'Art gothique.* Cologne : Könemann Verlagsgesellschaft mbH, 1999.

Vitruve. *Vitruve : Les dix livres d'architecture.* Traduits et commentés par Claude Perrault. Paris-Bruxelles-Liège : Pierre Mardaga Editeur, 1979.

CREDITS

Les plus grands efforts ont été entrepris afin d'identifier l'ensemble des ayants droit, institutionnels ou personnes privées, concernés par les documents utilisés dans ce livre. Toute omission ou erreur serait involontaire et naturellement corrigée dans les éditions ultérieures de l'ouvrage.

Introduction

2 : Tate Gallery, Londres ; 4 en haut : NASA/Genesis ; 4 en bas : Lennart Nilsson ; 5 en haut : Dr. Johannes Durst/SPL ; 5 au centre : David Malin/Anglo-Australian Observatory ; 5 en bas : Michael Freeman ; 6 en haut : American Rose Society, Shreveport, LA ; 6 en bas : Dr. David Roberts/SPL ; 7 en haut : J.-C. Golvin ; 8 : Alexander Lieberman ; 9 : Chapelle Sixtine, Vatican, Rome.

Chapitre 1

10 : Camille Flammarion, *L'Atmosphère, météorologie populaire* ; 11 : The Art Archive ; 12 : Euclide, *Opera omnia* (1703), frontispice ; 13 : Deir el-Medina, Nécropole de Thèbes, Égypte ; 14 : Musée archéologique, Adana, Turquie ; 15 en haut à droite : C. M. Dixon ; 15 au centre, à droite : Anne Ophelia Dowden ; 16 en bas : Bibliothèque de la Linnean Society, Londres ; 18 en haut : British Library, Londres ; 18 en bas : British Museum, Londres ; 19 : British Library, Londres : 24 en haut : Château de Windsor, Bibliothèque Royale ; 24 en bas : Metropolitan Museum of Art, New York ; 26 : Historiska Museet, Stockholm, Suède ; 27 : Matjuska Teja Krasek.

Chapitre 2

28 : British Museum, Londres ; 29 : Metropolitan Museum of Art, New York ; 30 en haut : Musée des Sciences Naturelles, Bruxelles ; 30 en bas : British Museum, Londres ; 31 en haut : Bibliothèque Nationale, Paris ; 31 en bas à gauche : Biblioteca Ambrosiana, Milan ; 32 en haut à droite : Collection Schoyen, Norvège ; 32 en bas : British Museum, Londres ; 33 : British Museum, Londres ; 34 en haut : Ancient Egypt Picture Library ; 34 en bas : Musée de l'Acropole, Athènes ; 35 à gauche : Musée national archéologique, Naples ; 35 à droite : Eric W. Weisstein ; 36 : Bibliothèque de la Linnean Society, Londres ; 37 : Bibliothèque Nationale, Paris ; 39 : Metropolitan Museum of Art, New York ; 40 : Stanza della Signatura (Chambre de la Signature), Vatican, Rome ; 42 : The Philosophical Research Society, Inc., Los Angeles ; 43 : Österreichische Nationalbibliothek, Vienne ; 45 à gauche : British Library, Londres ; 45 en haut au centre : Art Resource ; 45 en bas au centre : British Museum, Londres ; 45 à droite : British Library, Londres ; 46 : Siena Cathedral, Sienne ; 47 : Frank Spooner Pictures ; 49 : Österreichische Nationalbibliothek, Vienne ; 50 : Musée du Louvre, Paris ; 51 en haut : Collection privée, New York ; 51 en bas : Museo di San Marco, Florence ; 52 en haut : Punjab Hills, Inde ; 52 en bas : Musée Égyptien, Le Caire ; 53 en haut à droite : Galerie Tretyakov, Moscou ; 53 en bas à droite : Los Angeles County

Museum of Art ; 54 en haut : Kunsthistorisches Museum, Vienne ; 54 en bas : Bürgerbibliothek, Berne ; 55 en haut : Gladys A. Reichard et F. J. Newcomb ; 55 en bas : James Morris ; 56 en haut : Michael Freeman ; 56 centre : Anne Ophelia Dowden ; 56 en bas : Allen Rokach ; 57 en haut à droite : Metropolitan Museum of Art, New York ; 57 en bas à droite : Ian Warpole/Network Graphics, NY ; 58 en bas : Musée National, Athènes ; 59 en haut : Archiv für Kunst und Geschichte, Berlin ; 59 en bas : Musée Condé, Chantilly ; 60 en haut : Universitätsbibliothek, Heidelberg ; 60 en bas : National Gallery of Art, Washington D.C. ; 61 : National Trust, UK ; 62 : Louise Riswold Designs, Sausalito, CA.

Chapitre 3

64 : Lokman, *Shahanshahnama*, Istanbul, 1581–82 ; 65 : Cheng Dawei, *Suanfa Tongzong*, 1592 ; 66 en bas : British Museum, Londres ; 67 : Luke White : 69 en haut à gauche : Paul Saivets ; 69 en bas à gauche : Musée Égyptien, Le Caire ; 70 en haut : National Gallery, Londres ; 70 en bas : Palazzo Pubblico, Sienne ; 72 : British Library, Londres ; 73 : Edimedia, Paris ; 74 : Musée de la Civilisation Gallo-Romaine, Lyon ; 75 à gauche : Bibliothèque Nationale, Paris ; 75 en haut à droite : Museo Capitolino, Rome ; 76 en bas : Axiom ; 77 : Musée Guimet, Paris ; 78 : Bibliothèque du Topkapu Sarayi Muzesi, Istanbul ; 79 : Bibliothèque Nationale, Paris ; 83 : Gregor Reisch, *Margarita Philosophica*, Fribourg, 1503 ; 86 : *De Sphaera* (v. 1230) par Johannes de Sacrobosco ; 87 : Arts et Métiers, Paris ; 89 : Musée Cluny, Paris.

Chapitre 4

90 : Santa Maria della Grazie, Milan ; 91 : Georgia O'Keefe Museum, Santa Fe, Nouveau Mexique ; 92 : Galleria dell' Accademia, Venise ; 93 : Galleria dell Accademia, Florence ; 94 : Cap Sounion, Grèce ; 95 : Bibliothèque Nationale, Paris ; 96 : Musée de l'Acropole, Athènes ; 97 : David Finn ; 98 en haut à gauche : Musée Archéologique, Athènes ; 98 en bas à gauche : Peter Clayton ; 98 au centre : Giovanni Dagli Orti ; 99 en haut : British Museum, Londres ; 99 en bas : British Museum, Londres ; 100 : Alexander Lieberman ; 102 en bas : New York Public Library ; 103 en haut et en bas à droite : *Portfolio de Villard de Honnecourt*, Paris : Catala Frères, 1927 ; 104 en haut : Musée du Louvre, Paris ; 104 en bas : Book Laboratory ; 105 en haut : Universitätsbibliothek, Heidelberg ; 105 en bas : Capodimonte Museum, Naples ; 107 à gauche : National Gallery, Londres ; 107 en haut au centre : Österreichische Nationalbibliothek, Vienne ; 107 en haut à droite ; Smithsonian Institution, Washington D.C. ; 107 en bas à droite : Tate Gallery, Londres ; 108 en haut : Luca Pacioli, *Divina proportione*, 1509 ; 108 en bas : Italie, 1994 ; 109 : Luca Pacioli, *Divina proportione*, 1509 ; 110 à gauche : Galleria Nazionale delle Marche, Urbino ; 111 à gauche : The Art Museum, Princeton University ; 111 à droite : Albrecht Dürer, *Underweysung der Messung, mit dem Zirckel und Richtscheyt*, Nuremberg, 1525 ; 112 en haut : Collection privée ; 112 en bas : Musée du Louvre, Paris ; 113 en haut : Château de Windsor, Bibliothèque Royale ; 113 en bas : Institut de France, Paris ;

114 : Giovanni Dagli Orti ; 115 : Musée National Archéologique, Athènes ; 116 en haut : Biblioteca Apostolica Vaticana, Vatican, Rome ; 116 en bas : Musée de Nankin, Chine ; 117 : Bibliothèque Nationale, Paris ; 118 : Museo di San Marco, Florence ; 119 : Franchinus Gaffurius, *Theorica musicae* ; 120 : Musée de Delphes, Delphes ; 121 : Paul Saivets.

Chapitre 5

122 : British Museum, Londres ; 123 : Bibliothèque Lindley, Royal Horticultural Society, Londres ; 124 à gauche : Frank Horvat ; 124 à droite : General Atomics, San Diego ; 125 : Andrew Burbanks ; 126 en haut : Allen Rokach ; 126 en bas : IBM Research ; 129 en haut : Robert Robertson ; 129 en bas : NASA/Oxford Scientific Films ; 130 en haut : Lennart Nilsson/Albert Bonniers Forlag AB ; 130 en bas : NASA ; 131 en haut : David Furness/Wellcome Photo Library ; 131 en bas : Dennis Kunkel Microscopy, Inc., Kailua, Hawaii ; 132 : Leonid Zhukov et Alan H. Bar ; 133 en haut à gauche : George Hayhurst ; 133 en bas à gauche : Ian Walpole/Network Graphics ; 133 en haut à droite : NASA ; 133 en bas à droite : NASA ; 135 : Robert Galyean ; 136 : Harold Feinstein ; 137 : Bibliothèque Lindley, Royal Horticultural Society, Londres ; 138 : D. R. Fowler ; 140 en haut à gauche : Dr. Alesk/Science Photo Library ; 140 en haut à droite : Museum of Modern Art, New York ; 140 en bas à droite : Tombeau d'Inherkhaou à Deir el-Medina, Égypte ; 141 en bas : Heather Angel.

Chapitre 6

142 : National Gallery of Art, Washington D. C. ; 143 : British Library, Londres ; 144 : Dr. Johannes Durst/SPL ; 145 en haut à gauche : Biblioteca Marciana, Florence ; 145 en bas à gauche : Kupferstich, 1742 ; 145 en haut à droite : District Museum, Torun, Pologne ; 145 en bas à droite : Nicolas Copernic, *De revolutionibus orbium coelestium libri VI*, Nuremberg, 1543 ; 146 en haut à gauche : Musée du Louvre, Paris ; 146 en bas : Musée du Louvre, Paris ; 146 en haut à droite : Sternwarte Kremsmünster, Autriche ; 147 en haut à gauche : Farleigh House, Hampshire ; 147 en haut, au centre : S. F. Bause ; 147 en haut à droite : Photopresse, Zurich ; 147 en bas : Mikki Rain, Science Photo Library ; 149 à droite : Bibliothèque Lindley, Royal Horticultural Society, Londres ; 152 : Museo Archeologia Nazionale, Naples ; 153 à gauche : Johannes Kepler : *Mysterium Cosmographicum*, 1596 ; 153 à droite : Moonrunner Design ; 154 : Louise Riswold Designs ; 155 en haut : Paul Steinhardt, Princeton University ; 155 en bas : Collection Michael S. Sachs, Inc. Westport, CT ; 156 : Bibliothèque Lindley, Royal Horticultural Society, Londres ; 158 à gauche : Heather Angel ; 159 : Mel Erikson, Art and Publication Services et Ian Warpole, Network Graphics ; 160 en bas à gauche : Tombeau Saadien, Marrakech, Maroc ; 160 en haut, centre : A. Sonrel ; 160 en bas, au centre : Robert Harding ; 160 à droite : M. C. Escher Foundation, Baarn (NL) ; 161 : Ian Warpole/Network Graphics ; 163 : Petra Gummelt.

Chapitre 7

164 : Victoria & Albert Museum, Londres ; 165 : Kahriye Camii, Istanbul ; 166 : Paul Saivets ; 167 en haut : Minaret de la Mosquée de Samarra, Irak ; 167 en bas : Sandro Botticelli ; 168 au centre : British

Museum, Londres ; 168 à droite : Zenrin-ji, Kyoto, Japon ; 168 en bas : Book of Durrow ; 171 : Metropolitan Museum of Art, New York ; 172 : Bibliothèque de l'Université de Chicago, Collection d'Extrême-Orient ; 174 : John Dugger et David Medala, Londres ; 175 : Museum of Fine Arts, Boston ; 176 à gauche : J. David ; 176 en haut à droite : Bibliothèque Nationale de France, Paris ; 176 en bas à droite : John Bunyan, *The Pilgrim's Progress*, 1678 ; 177 en haut : Robert Harding ; 177 en bas : Metropolitan Museum of Art, New York ; 178 : British Museum, Londres ; 179 : M. Dixon ; 180 : British Library, Londres ; 181 : Rijksmuseum van Oudheden, Leiden (NL) ; 182 en haut : Bibliothèque Nationale de France, Paris ; 182 en bas : Hildegarde de Bingen ; 183 : British Museum, Londres ; 184 : collection privée ; 185 : Metropolitan Museum of Art, New York ; 186 : NASA ; 187 : Biblioteca Nazionale, Florence.

Index

A

Abaque, 73–75, 81, 88

Acropole, 97

ADN, 5, 62fig, 127, 130, 139–141, 154, 154fig, 162

Aetius, 63

Ahmès, Papyrus, 33

Alberti, Léon Baptiste, 105, 109–10
  Della pittura, 110

Alexandrie, 14, 34fig, 98

Al-Hallaj, Hussein ibn Mansur, 180, 185

Al-Khwarizmi, Muhammad, 78, 80, 80fig

Allée de Bénard-Von Karman (voir vortex street), 132–33

Al-Mamoun, calife, 76

Angle d'or, 134

Arabes (nombres ou nombres indo-), 88–89

Archimède (spirale d'), 127

Archimède, 34, 127

Aristote, 34–35, 40fig, 48, 77, 143–44, 170, 180

Aryabhata, 77

Asymptote, 129

Athéna Parthénos, 96–99

Athènes, 36, 36fig, 40fig, 178

Autosimilarité, 58, 125

B

Bach, Jean Sébastien, 118

Barr, Mark, 21, 26

Base
  base dix, 30
  base soixante, 30, 86

Basho, Matsuo, 63

Békésy, Georg von, 131

Bernoulli, Jacob, 127

Bhagavad Gita, 185

Blake, William, 3fig, 4, 187fig

Boèce, 121

Bonnet, Charles, 21, 24, 137, 155
  Recherches sur l'usage des feuilles dans les plantes, 24

Botticelli, 105, 167fig

Bouddha, Gautama, 168fig, 184–85, 184fig

Brahe, Tycho, 143fig, 144fig

Brahmagupta, 77

Brunelleschi, 105

C

Calendriers, 32, 74fig

Carré, 55, 159

Cartésienne (géométrie), 46, 47

Cathédrales
  Chartres, 169fig, 170fig
  gothiques, 56, 91, 103
    Notre-Dame de Paris, 102, 102fig

Cavalieri, 89

Chartres, 168fig, 169fig, 175fig, 182fig

Cène (La), 24, 90, 112–13

Cercle, 51, 54, 106

Cléanthe, 98

Cochlée, 131–32

Commentaires sur les Éléments d'Euclide, 34

Commentaires sur les mouvements de la planète Mars, 153

Confucius, 116, 117fig
Copernic, Nicolas, 104, 104fig, 145, 145fig,
    146, 153
Cristallographie, 155, 162
Critias, 151
Cube, 151

D
Dante, 104, 167fig
De Architectura, 92
Décade, 62
Della pittura, 110
Delphes, Oracle, 172–73
Descartes, René, 46–47, 89, 118, 127
    Géométrie (La), 46
Diogène Laërce, 50, 172
Di Paolo, 29fig
Divergence, 139, 139fig
Divina proportione, 23, 56, 92fig, 108–10,
    108fig
Division sacrée, 11
Dix livres d'architecture, 114
Doczi, Gyorgy, 12
Dodécaèdre, 109, 148–51, 159
Dürer, Albrecht, 91, 111
Dyade, 52, 62

E
Einstein, Albert, 27, 147, 163
Éléments, 17, 19, 23, 48, 77, 83, 150
Empédocle, 152
Empilement, 156–58

Equiangle (spirale, voir spirale logarithmique)
Escher, M. C., 155fig, 160
Euclide, 6, 14–18, 20, 23, 34, 40fig, 48fig, 72,
    153, 171
Euclidienne (géométrie), 17, 17fig, 124–25
Eudoxe de Cnide, 48
Euripide, 34, 171

F
Faust, 60
Fechner, Gustav Theodor, 25
Fermat, Pierre de, 57, 89
Fibonacci, 17, 20, 22–23, 23fig, 26, 71–72, 71fig,
    74, 80–81, 86, 88–89, 134
    Liber abaci, 23, 71, 81–82
    Liber quadratorum, 83, 86
    Practica geometriae, 83
Fibonacci (spirale de), 128–29, 134
Flocon de neige, 157, 157fig
Fra Angelico, 105, 118fig
Fractales, 124–26, 135–39

G
Galien, 77
Galilée, 89, 146
Géométrie (La), 46
Géométries fractales de la nature, 124
Ghilberti, 105
Giotto, 104
Goethe, 60
    Faust, 60
Gothiques (cathédrales), 56, 91, 103

Grande pyramide, 22, 68–69, 68fig
Grenade, 149, 156fig, 157
Gummelt, Petra, 162–63, 163fig
Gurdjieff, G.I., 165

H
Harmonies du monde, 153
Harmonie des sphères, 43, 118
Heisenberg, Werner, 154
Héraclite, 92, 170–72, 180–81
Hermès Trismégiste, 46fig
Hérodote, 22, 34–35, 68–69, 68fig
   Histoire, 35
Hexaèdre, 150
Hexagone, 161
Hilbert, David, 150
Hildegarde de Bingen, 182
Hippase, 43
Hippocrate, 34, 77
Hisab al-Jabr wa-al Muqabalah, 78
Histoire, 35
Holmes, Oliver Wendell, Jr., 9
Homère, 34
Humanisme, 104
Hume, David, 16
Hunayn ibn Ishaq, 76
Hygée, 59

I
Iamblique, 53
Icosaèdre, 150–51
Incommensurables, 48
Iraqi, Fakhruddin, 188
Irrationnels (nombres), 37, 43

Ishango (os), 30fig
Isha Upanishad, 165

J
Jean de Palerme, 83
Joconde (La), 24, 112, 112fig
Julia, Gaston, 125
Juste milieu, 11, 26, 48, 70, 82

K
Kant, Emmanuel, 118, 147
Kemet, 34
Kepler, Johannes, 11, 17, 20, 24, 89, 118, 146,
   152–53, 153fig, 154–57. 159
Khan, Hazrat Inayat, 123
Khayyam, Omar, 78–79, 83
   Roubaïates, 79
Khufu, 68–69
Krasek, Matjuska Teja, 27

L
Lao-Tseu, 172, 186
Le Corbusier, 27, 91, 93, 168fig
Leibniz, Gottfried Wilhelm, 88
Léonard de Vinci, 23–24, 56, 91, 105, 108–09,
   109fig, 112–14, 121, 137
   Joconde (La), 24, 112, 112fig
   Vierge aux rochers (La), 113
Léonard de Pise (voir Fibonacci)
Liber abaci, 23, 71, 81–82
Liber quadratorum, 83, 86
Lilly, John C., 22
Logarithmique (spirale), 127
Logos, 171, 172, 174, 181

Lois, 117, 178
Lucas, Edouardo, 21, 26
Luminet, Jean-Pierre, 148

M
Macrocosme, 8, 182–83
Mahakashapa, 185
Mahomet, 76
Mandelbrot, Benoît, 124–25
    Géométries fractales de la nature, 124
Masaccio, 105
Mathematekoi, 41, 66
Michel-Ange, 91, 93, 105
Microcosme, 8, 182–83
Modulor, 27, 93
Monade, 51, 53, 62
Moyen Âge, 22, 76, 170
Musique des sphères, 120

N
Napier, 89
Naturels (nombres), 37
Newton, Isaac, 89, 147
Nid d'abeilles, 157–58, 157fig, 158fig
Nietzsche, Friedrich, 117
Nombre d'or (Le), 3–9, 11–12, 36, 49, 68, 70,
    82, 85, 95, 109, 165, 168–70, 186
    et un diamant, 162
    et Euclide d'Alexandrie, 16–19
    et la nature, 123
    et les solides de Platon, 150
    et la Suite de Fibonacci, 65–66
    et la spirale d'or, 126
    et le Parthénon, 100–01

    et le pavage, 161
    et la phyllotaxie, 137
    histoire des découvertes, 20–27
    symbole de perfection, 168–69
Notre-Dame de Paris, 102, 102fig

O
Observatoire de Paris, 148
Octaèdre, 150–51
Octogone, 159
Œil d'Horus, 13, 168
Ohm, Martin, 21, 26
O'Keefe, Georgia, 91
Osho, 183

P
Pacioli, Luca, 17, 20, 23, 56, 105, 105fig, 108,
    108fig, 113
    Divina proportione, 23, 56, 92fig, 108–10, 108fig
    Summa de arithmetica, geometria, proportioni et
        proportionalita, 108
Palladio, 105
Parthénon, 6, 8fig, 22, 96fig, 97, 100–101
Pascal, Blaise, 38, 87, 89
Pavage, 27, 57, 159–63
Penrose, Roger, 17, 21, 26, 57fig, 161, 161fig,
    162
Pentade, 56–58, 62
Pentagone, 109, 159
Pentagone sacré, 169
Pentagramme, 15, 23, 58–60, 60fig, 91
Pentcmychos, 59
Periclès, 96
Perugino, 105

Pétrarque, 104

Phérécyde de Syros, 59

Phi, 6, 9, 11, 15, 26, 57, 137, 161–63, 165

Phidias, 20, 26, 91, 96, 98–99

Philon d'Alexandrie, 120

Phyllotaxie, 24, 137–39, 155

Piero della Francesca, 105, 108–10, 112

Pisano, 105

Platon, 20, 23, 34, 40fig, 116–17, 148, 151,
    152fig, 154, 170, 178–79

    Critias, 151

    Lois, 117, 178

    Timée, 150–52

Platon (solides de), 16, 148, 150, 151

Pope, Alexander, 141, 173

Practica geometriae, 83

Probabilité, 87

Proclus, 16, 34

    Commentaires sur les Éléments d'Euclide, 34

Proportion dorée, 11

Proust, Marcel, 65

Ptolémée, 77, 104, 105fig, 145, 145fig

Pyramides, 7, 67, 67fig

Pythagore, 29, 34, 36, 39, 40fig, 41, 42, 43fig,
    44, 48, 59, 63, 67, 83fig, 116, 118–19, 119fig,
    121, 132, 170

Pythagore (théorème de), 39, 44, 46, 55, 56,
    151

Pythagoriciens, 48–49, 65–66, 70, 92, 120–21

Q

Quasi-cristaux, 162–63

R

Raphaël, 105

Rapport, 7, 12

Réels (nombres), 37

Recherches sur l'usage des feuilles dans les plantes,
    24

Recorde, Richard, 37fig

Rectangle, 15, 43

Rectangle d'or, 84, 91, 106, 128, 168–169

Reine Elementar-Matematik, Die, 26

Renaissance, 104–05, 110–11, 114

Rhind (Papyrus de), 33, 33fig, 35

Rhind, Alexander Henry, 33

Richardson, Lewis, 124

Romains (chiffres, nombres), 72–73, 89

Roubaïates, 79

Rûmî, Jalâl-al-Dîn, 177, 180, 186

S

Saint Augustin, 117, 120

Saint Clément d'Alexandrie, 34

Saint François d'Assise, 104, 104fig

Sarmoun Darq, 165–66, 174

Schectman, Dany, 155

Schopenhauer, Arthur, 118

Sebokht, Severus, 78fig

Section d'or, 11, 22, 24, 26, 66, 107

Seurat, Georges, 91

Sforza, François, 113

Sforza, Ludovic, 108

Shakespeare, William, 6, 120

Shunya, 77

Sire Gauvain et le chevalier vert, 61

Socrate, 40fig, 151, 170–71, 171fig

Solon, 36fig, 151

Spirale, 5, 91, 130–40, 155, 165, 167, 167fig, 176–77

    spirale d'Archimède, 127

    spirale de Fibonacci, 128–29, 134

    spirale d'or, 15, 126, 128–29, 132, 143, 167

    spirale logarithmique, 127

Stobée, 16

Stonehenge, 32

Suite de Fibonacci, 24, 26, 82, 84, 155

    dans l'œuvre de Le Corbusier, 93

    et le nombre d'or, 85

    et la phyllotaxie, 137

    et la probabilité, 87

    et les spirales, 128–29, 138–40

Summa de arithmetica, geometria, proportioni e proportionalita, 108

Suso, Heinrich, 9

Swift, Jonathan, 124

T

Temples sacrés, 94–95, 94fig

Temple de Waset, 34, 34fig

Tetraktys, 63, 63fig

Tétrade, 55

Tetraèdre, 150–51

Thalès, 34–35, 41

Théétète, 48

Thoreau, Henry David, 123

Timée, 150–52

Triade, 53

Triangle, 15, 19, 54, 54fig, 159

Triangle d'or, 128, 169

U

Upanishads, 184

V

Valeur de position, 73, 80–81

Van der Leeuw, J. J., 143

Vasari, Giorgio, 109–10, 112fig

Vesica piscis, 50, 50fig, 52–55

Villard de Honnecourt, 103

Vitruve (L'homme de), 92, 92fig, 95

Vitruve, 92, 94, 100

    De Architectura, 92

    Dix livre d'architecture, 114

Vortex street, 132–33

W

Wilkinson Microwave Anisotrophy Probe (WMAP), 148

Woolf, Virginia, 6

Wright, Frank Lloyd, 91

X

Xiangjie jiuzhang suanfa, 45

Y

Yang Hui, 45

Yantra, 174, 174fig, 174–75

Z

Zéro, 77–78

Zoroastre, 40fig, 41